綜合收益會計研究

鄒 燕 ◎ 著

財經錢線

序

　　《綜合收益會計研究》一書是鄒燕在她的博士論文基礎上修改、擴充和深化而成的。本書的研究始於作者對財政部於2006年2月15日對外公布的《企業會計準則——基本準則》和收益列報格式改革的關注。新會計準則的出抬，在中國社會各界引起了極大的轟動。這套準則體系的實施，將大大改善中國企業會計信息的質量，進一步提高中國企業經營和財務信息的透明度，增強中國企業會計信息在國際範圍內交流、使用的可信度，從而更好地滿足投資者、債權人和其他利益關係人對會計信息的需求，這對經濟體制改革、經濟增長方式轉變以及建設和諧社會，都具有十分重要的意義。

　　20世紀70年代後，美國等西方國家陸續對收益概念進行擴充，並對其列報格式進行改進。中國的會計準則推出了綜合收益概念，在2009年對其列示內容和位置進行了補充規定。上市公司陸續開始執行。

　　本書對國內外學者的相關研究進行了評價與總結，並基於中國的資本市場進行分析。通過梳理綜合收益信息的基本理論和信息載體，瞭解到已實現收益與未實現收益的內涵及其列示平臺的設計對使用者進行直觀認識和決策分析的重要性。同時，選擇會計信息質量特徵中的相關性作為研究的數據基礎，通過搜尋上市公司個案，對其他綜合收益的列示問題進行了整理與

總結，又通過非參數統計、事件研究法和股價預測模型對收益等信息的及時性和預測能力進行了實證研究，並定性分析了綜合收益的列示內容，設計了其呈報模式，以期為中國收益報告的改革和國際趨同提供參考和建議。

　　目前，中國的綜合收益及其呈報模式還在進一步的改革之中，還需要進行大量的案例搜集與模擬測試，擴充研究樣本，精煉研究方法。比如，通過股價預測模型的研究結果，設計出有關綜合收益的評價指標，與傳統業績評價指標配套進行分析，這樣也能更好地為使用者們提供相關信息。

　　收益的呈報改革任重而道遠。將會計學與其他學科理論融合進行研究，必將成為新的研究趨勢，但這需要潛心地持續關注、探尋與研究，願作者在此課題上繼續思考，執著前行。

　　是為序。

傅代國

摘　要

　　當今經濟全球化潮流席捲全球，世界各國的經濟聯繫越來越緊密，相互之間的經濟交往也越來越頻繁。現階段財務會計的目標定位在向委託人報告受託責任履行的基礎上提供出對決策有用的信息，在會計確認上確定了資產負債觀的核心地位，在會計計量方面引入了公允價值計量屬性，在會計報告中要求報告所有者權益變動表，體現了向綜合收益發展的思想。

　　列示綜合收益是國際會計準則趨同的要求，但如何確定其列示內容、規範其列示形式是各個國家需要根據自身情況進行研究和統一的。本書運用歸納演繹法和比較法做定性分析和規範研究，用非參數統計方法、股價預測模型和主因素分析法做實證研究。通過對中國收益信息的相關性分析，確認財務報告呈報是否具有及時性，檢驗已列示的未實現收益項目的預測能力，實證收益信息對市場波動的影響，目的在於探尋未實現收益項目列報的必要性，設計並逐步規範中國的綜合收益報告，更為完整地披露企業的經營業績，讓會計收益逐步向經濟收益迴歸。

　　除緒論外，本書正文分四部分，第一部分第 2 章，主要對國內外文獻綜述進行梳理、總結和探討。國外學者圍繞 SFAS

No.130，對綜合收益報告從未實現收益項目、報告模式、綜合收益信息的決策相關性三個方面開展了大量研究。他們大多通過建立收益模型或股價模型，以研究者本國的上市公司數據為研究對象，對綜合收益囊括的內容，特別是未實現收益項目的確定，進行相關性研究，發現傳統「淨利潤」指標相比「綜合收益」更具信息含量和決策相關性，並為綜合收益報告內容的確定奠定基礎。而國內研究者對綜合收益信息的研究起步較晚，實證研究僅限於股價模型或收益模型的研究，對收益信息重構和設計披露形式的文章以定性分析為主，研究結論和國外學者研究結果相似。

　　第二部分為第3章，包括了綜合收益理論概述與相關性特徵概述。前面兩節主要針對綜合收益信息進行概述，通過比較分析美國、英國、國際會計準則和中國對綜合收益的概念及內容的規定；從擴展收益表法、綜合收益表和權益變動表法三個國際上備用的呈報綜合收益報告的信息載體方面，分析了英國、美國和國際會計準則委員會（IASC）的綜合收益報告呈報，為後文中國綜合收益報告的設計奠定了理論基礎。第3節主要對會計信息質量特徵的相關性進行了理論概述，在決策有用觀的指引下，探討了相關性與如實反應的選擇，闡述了相關性特徵的含義和組成要素：可預測性、反饋價值與及時性，明確了相關性的判別標準，即什麼樣的會計信息才是與決策相關的信息，為後文的實證研究鋪墊了研究思路。

　　第三部分為實證研究，包括第4章至第6章，從對綜合收益的初探，到對其他綜合收益列示的描述性統計，從而再探討綜合收益。第4章根據文獻綜述與相關理論概述設計了三個實證研究，從財務報告時間間隔研究財務信息的及時性，通過事件研究法和股價模型研究綜合收益信息的預測能力，提出了五個假設，從實證角度重點研究了綜合收益的信息相關性。此章

選取了2007—2008年上海證券交易所上市公司股價和年報信息並將其作為研究樣本，首先，採用非參數統計方法重標極差分析法（R/S）、V統計、趨勢去除法（DFA）和平均窗口移動法（DMA），運用分形市場理論和赫斯特指數對滬市樣本上市公司的日收盤價進行了長期記憶過程的探尋，發現了滬市約4個月的記憶間隔，這與財務報告呈報的間隔類似，可認為財務信息的報告間隔對滬市是有影響的，而收益信息作為財務報告信息重點，其及時發布對股價的影響是顯著的，同時，3個月的報告間隔為後續實證選取平均股價的時間窗口奠定了基礎。其次，運用事件研究法研究發現，在財務報告呈報期內，市場產生了非正常報酬，特別是經濟危機下的2008年，超額回報顯著性強，說明在經濟低迷環境下，收益信息更受到投資者們的關注，同時，探討淨收益、綜合收益和直接計入所有者權益的利得和損失是否是引起上述超額報酬的因素，但實證結果並不顯著，且發現在未實現收益信息列報的影響下，傳統淨利潤指標對市場的影響顯著性有所降低，這也為中國收益信息的改革提供了依據。最後，運用股價模型，對樣本進行截面數據研究，並從市場對綜合收益信息的總額與明細項目兩個大方面進行了實證研究，結果發現兩者在報告期後3個月的時間窗口內對平均股價的波動均是有影響的，前者的影響程度弱於淨利潤指標每股收益；對後者的研究採用對分別列示在利潤表和所有者權益變動表的未實現收益信息進行實證，發現了在利潤表中列示的未實現損益較所有者權益變動表中列示的相關內容在市場中更具顯著性，結論進一步說明改革收益報告的必要性，為第7章的定性分析和綜合收益呈報的設計提供了數據證明。

第5章，應用財政部2009年要求企業在利潤表中列示其他綜合收益信息的契機，搜集與整理滬深兩市2008年至2012年相關市場和A股上市公司年報數據，建立樣本並將其用於進一步

的探索。此章使用描述性統計的方法，對列示了其他綜合收益及其明細項目的上市公司進行數量與質量的統計與分析，以期瞭解其應用情況。同時，通過對中國目前其他綜合收益列示方式中存在的問題進行分類與總結，以期引發關注，作為改進的參考。在此樣本基礎上，本部分通過第6章對綜合收益進行了再探，設計了3個假設，以價格模型為基礎，分別對綜合收益的信息含量和明細項目的內容列示進行實證研究。研究發現，「綜合收益」明確出現在財務報告主表上後，其總額是具有信息含量的，且有逐年增強的趨勢。而其他綜合收益的列示位置發生變化後，其信息含量也呈逐年遞增的趨勢，明細項目也在逐步受到市場的關注。但可能由於近幾年市場不景氣，導致其均值偏低，關注度不高。這也為如何普及和提高信息使用者對綜合收益的認知和理解提出了更高的要求。

第四部分為第7章，依據前文對文獻和理論的闡述，以及對實證研究的結果分析，此章首先闡述了綜合收益信息，再一次從決策者信息擴容、財務報告呈報改革需要、計量屬性使用和控制盈餘管理四個方面分析了披露總括收益的必要性，同時也指出了局限性，如會計要素定義含混、報告模式不確定、計量工具還不成熟和理論界與實務界存在政策制定的博弈。但不管綜合收益信息應用起來有多麼困難，其改革的基礎和條件還是具備的，改革也是「收益」概念發展的必然要求。其次，此章對收益信息的基本要素進行了確定，包括收益觀念的轉化、損益類要素定義的擴展、允許多種計量方法並存及財務報告之間資產、收益和現金要素之間的勾稽關係分析，構建了綜合收益觀下財務報告內在邏輯圖，為收益項目重構奠定基礎。最後，此章提出了「核心利潤」的概念，從經營資產和投資資產的劃分入手，對比經營、投資和融資三大現金流，重構了淨收益的構成，並根據前述理論概述和實證結構重新審視了未實現收益，

研究了如公允價值變動損益等其他綜合收益，在一表式的形式下，囊括已實現收益和未實現收益，提出分三階段設計與改革綜合收益呈報方式，形成綜合收益表，改進企業業績披露的平臺。

目　錄

1　緒論／1
　1.1　研究背景與動機／1
　　1.1.1　收益概念的改革和綜合收益呈報的討論／1
　　1.1.2　中國收益信息的相關性研究／3
　　1.1.3　相關性、未實現收益及披露設計／5
　1.2　研究思路及主要研究內容／8

2　文獻綜述／12
　2.1　國外文獻綜述／12
　　2.1.1　綜合收益及構成的研究／12
　　2.1.2　綜合收益列報格式的應用與效果／15
　　2.1.3　綜合收益信息的相關性研究／19
　　2.1.4　國外文獻評價／23
　2.2　國內文獻綜述／24
　　2.2.1　綜合收益概念的應用／24
　　2.2.2　綜合收益列報方式的研究／27
　　2.2.3　綜合收益信息的質量特徵研究／29
　　2.2.4　國內文獻評價／33

3 綜合收益的相關理論概述 / 35

3.1 綜合收益的基本理論 / 36

3.1.1 綜合收益的概念 / 36

3.1.2 綜合收益的特徵 / 41

3.1.3 綜合收益的組成內容 / 43

3.2 綜合收益的信息載體——綜合收益報告 / 50

3.2.1 綜合收益報告的方式 / 50

3.2.2 英國綜合收益報告的呈報 / 53

3.2.3 美國綜合收益報告的呈報 / 54

3.2.4 IASC 綜合收益報告的呈報 / 56

3.3 會計信息質量特徵——相關性的探究 / 59

3.3.1 相關性與如實反應的選擇 / 59

3.3.2 相關性的涵義 / 62

3.3.3 相關性的組成要素 / 65

4 綜合收益初探
——基於信息相關性的實證研究 / 69

4.1 實證研究設計 / 69

4.1.1 財務報告的時間間隔研究 / 70

4.1.2 綜合收益信息對非正常報酬的影響 / 73

4.1.3 綜合收益信息預測能力研究 / 75

4.2 股市長期記憶性與報告間隔探尋 / 80

4.2.1 長期記憶過程的探尋——赫斯特指數分析模型 / 80

4.2.2 中國滬市數據實證研究 / 85

4.2.3 結論與啟示 / 91

4.3 綜合收益信息對非正常報酬的影響研究 / 94

    4.3.1 研究方法與模型 / 94

    4.3.2 研究樣本與分析 / 97

    4.3.3 結論與啟示 / 101

4.4 綜合收益信息的構成研究 / 103

    4.4.1 市場對綜合收益信息的反應程度 / 103

    4.4.2 市場對收益信息明細項目的反應程度 / 108

5 其他綜合收益列報現狀的探索 / 118

5.1 數據來源與樣本選擇 / 118

5.2 其他綜合收益及明細項目應用情況描述 / 119

5.3 其他綜合收益列報中存在的問題分析 / 121

    5.3.1 報表間存在勾稽不符的問題 / 122

    5.3.2 所有者權益變動表列報格式有誤 / 123

    5.3.3 附註缺乏完整度 / 124

    5.3.4 附註列報格式缺乏規範性 / 125

    5.3.5 列報存在填寫錯誤 / 128

6 綜合收益再探——基於信息含量及列報的實證研究 / 130

6.1 綜合收益的信息含量研究 / 130

    6.1.1 研究假設 / 130

    6.1.2 模型設計與變量說明 / 132

    6.1.3 實證結果 / 134

6.2 其他綜合收益的列示位置研究 / 138

    6.2.1 研究假設 / 138

6.2.2　模型設計／139

　　　6.2.3　實證結果／140

　6.3　其他綜合收益的列示內容研究／143

　　　6.3.1　研究假設／143

　　　6.3.2　模型設計／144

　　　6.3.3　實證結果／145

7　綜合收益信息及其列報的改進與建議／150

　7.1　綜合收益信息列報的利弊分析／150

　　　7.1.1　綜合收益信息列報的必要性／150

　　　7.1.2　綜合收益信息列報的局限性／155

　7.2　綜合收益基本要素的確定／160

　　　7.2.1　收益觀念的轉化／161

　　　7.2.2　損益類要素定義範圍的擴展與計量／162

　　　7.2.3　財務報告間的勾稽關係研究／166

　7.3　綜合收益項目的解析與列報設計／169

　　　7.3.1　淨收益概念新解／169

　　　7.3.2　其他綜合收益研究／177

　　　7.3.3　綜合收益報告的設計／181

參考文獻／189

後記／205

1 緒論

1.1 研究背景與動機

1.1.1 收益概念的改革和綜合收益呈報的討論

20世紀50年代以後,西方國家通貨膨脹較為嚴重,按照傳統會計收益概念提供的財務報表越來越不能反應企業真實的財務狀況和經營成果,坎寧、吉爾曼以及後來的愛德華茲和貝爾等,在吸收經濟收益概念的基礎上提出了「擴展會計收益概念」。他們認為,收益應當視為企業在一定會計期間的資產淨增加,並能夠可靠計量,此時,資產的淨增加額就應確認為企業收益,而不必推遲到實現時。

隨著世界經濟全球化潮流席捲全球,世界各國的經濟聯繫已越來越緊密,相互之間的經濟交往也越來越頻繁,在世界經濟一體化的背景下,市場經濟已經成為中國經濟發展不爭的取向,而且經濟發展愈益全球化。2003年中國有外資企業22.6萬家,它們創造了2,350萬個就業機會,占全國出口的55%,工業生產總值的38%,稅收收入的21%,技術引進的57%。2004年,中國已經成為繼美國和德國之後的世界第三大貿易國,有外資企業28萬家,創造了2,500萬個就業機會,是吸引外資最

多的國家，大約占全球吸引外資的 10%。

　　隨著世界經濟一體化和資本市場的全球化，國際會計組織和各國會計準則制定機構均致力於會計標準的國際趨同，中國財政部在促進會計準則國際趨同問題上一直保持積極的態度。根據中華人民共和國財政部令第 33 號，財政部於 2006 年 2 月 15 日對外公布了修訂後的《企業會計準則——基本準則》，新的會計準則的出抬，在中國社會各界引起了極大的轟動。這套準則體系的實施，將大大改善中國企業會計信息的質量，進一步提高中國企業經營和財務信息的透明度，增強中國企業會計信息在國際範圍內進行交流、使用的可信度，從而可更好地滿足投資者、債權人和其他利益關係人對會計信息的需求，這對經濟體制、推進經濟增長方式轉變、建設和諧社會也具有十分重要的意義。

　　在現有經濟業務的擴展、企業經營的多元化、全球企業的經營管理範圍和內容的擴充下，作為信息使用者最重視的指標之一——利潤，其當期信息含量較單一，已無法滿足經濟業務與管理時信息含量的急速擴大，約束了信息使用者的決策分析。為了彌補傳統收益信息的不足，各國開始擴大利潤呈報的信息含量，20 世紀 90 年代後，西方各國準則制定機構紛紛制定和修改準則，要求企業披露綜合收益信息，呈報綜合收益報告，也可稱為全面收益報告。1992 年，英國會計準則委員會（ASB）發布國際財務報告準則第 3 號（FRS No. 3）「報告財務業績」，率先要求英國企業增加一張新的「全部以確認利得與損失表」，和傳統損益表一起作為對外編報的基本財務報表。1997 年財務會計準則委員會（FASB）正式發布了第 130 號《報告企業綜合收益》的準則公告，鼓勵企業按兩種格式報告綜合收益：增設「綜合收益表」或將傳統收益表和綜合收益表合併為「收益與綜合收益表」，同時也允許企業在業主權益變動表中單獨反應「累計的其他綜合收益」以報告綜合收益及其組成。1997 年，國際

會計準則委員會（IASC）在修訂後的第1號國際會計準則《財務報表的表述》中，也提出了以綜合收益為中心的改革業績報告的要求。在此之後，加拿大、新西蘭等國家也紛紛頒布了類似的規定，編製綜合收益報告已成為一種國際趨勢，也是反應收益的必要途徑。

中國最初是通過第30號《企業會計準則》財務報表列報中要求披露所有者權益（股東權益）變動表來體現綜合收益理念的，要求企業在中報和年報中進行披露。由於綜合收益可以簡單解釋為不包括業主投資和分派業主款的淨資產期末比期初的增長額，用公式表示為：綜合收益＝期末淨資產－期初淨資產－本期所有者新增投資＋本期所有者分配。由此可以看出，應包括已計入淨資產的淨利潤和利得（或損失）。在所有者權益（股東權益）變動表中，第三項是淨資產本年增減變動金額，包括本年淨利潤和直接計入所有者權益的利得和損失，其體現的就是企業的綜合收益。

1.1.2 中國收益信息的相關性研究

在歷年來的研究中，相關性作為會計信息的一個重要的基本特徵存在，與決策相關，具有改變決策的能力。FASB對相關性作了一個特殊的解釋，即「通過幫助使用者預測過去、現在和未來事件的結果，或證實或更正先前的期望，從而具備在決策中導致差別的能力」[1]。它包括了預測價值（Predictive Value），證實價值（Confirmatory Value）[2] 和及時性（Timeliness）三個子特徵。20世紀70年代末以來，不管是研究人員還是會計師，不管

---

[1] 趨同框架對此定義用「導致差別的能力」取代原有的「能夠被現成使用」，FASB, SFAC No.2, 1980, par.47。

[2] 證實價值將取代FASB現行概念框架中「反饋價值」（Feedback Value）的提法。

是會計監管機構還是投資者，一致認為財務報表正在失去相關性，要求改進甚至徹底改革傳統的財務報表體系。正是考慮到向現在或潛在的投資人、債權人和其他使用者，做出合理的投資、信貸和類似決策提供有用的信息。那麼中國「收益」信息的相關性程度如何呢？它的概念是否完整？內容及列報方式能否更好地為決策者們使用，帶來信息增量呢？

首先，中國新會計準則與以前年度頒布的基本準則相比有較大的變化。其中新基本準則第四條指出：「財務會計報告的目標是向財務會計報告使用者提供與企業財務狀況、經營成果和現金流量等有關的會計信息，反應企業管理層受託責任履行情況，有助於財務會計報告使用者做出經濟決策。」財務會計報告使用者包括投資人、債權人、政府及其有關部門和社會公眾等。與原基本準則相比，新基本準則第一次明確提出「財務會計報告的目標」，並將中國現階段財務會計的目標定位在向委託人報告受託責任的履行的基礎上提供對決策有用的信息。

其次，中國在 2006 年頒布的《企業會計準則》，在會計目標中強化了會計信息決策有用性的要求，在會計確認上確定了資產負債觀的核心地位，在會計計量方面引入了公允價值計量屬性，在會計報告中要求報告所有者權益變動表，體現了披露及完善綜合收益信息的思想。隨後，財政部在 2009 年發布的財務報告補充要求中提到上市公司 2009 年年報必須在利潤表中披露綜合收益信息總額①，進一步增強了綜合收益信息披露的研

---

① 2009 年 6 月財政部發布了財會〔2009〕16 號「關於印發企業會計準則解釋第 3 號的通知」。企業會計準則解釋第 3 號針對 8 個會計問題做出了進一步的強調或調整。其中第七個問題是對具體準則規定的利潤表格式的調整，要求在利潤表「每股收益」項下增列「其他綜合收益」項目和「綜合收益總額」項目。「其他綜合收益」項目，反應企業根據企業會計準則規定未在損益中確認的各項利得和損失扣除所得稅影響後的淨額。

究,使其更具時效性和必要性。新會計準則實施後,學者們主要針對其中體現綜合收益觀的內容進行理論分析,但就綜合收益信息的預測性、及時性等問題研究較少;同時,由於數據的不完善,大部分研究缺乏實證證據或調查研究支持。在此方面,國外學者早在20世紀90年代就開始了對收益信息相關性研究,多數用股價預測模型進行分析,發現綜合收益信息的決策相關性弱於傳統的淨利潤指標,但其披露確實抑制了公司操作盈餘的動機。那麼,中國的綜合收益概念借助2006年會計新準則出抬的契機開始使用,其是否具有決策相關性呢?2009年後被要求列示在主表中,其信息含量又會發生怎樣的變化呢?相比傳統的淨利潤,綜合收益信息在中國是否受到了使用者們的關注,在市場上具有影響力呢?綜合收益信息用所有者權益變動表的披露來引出,在利潤表上列示來過渡,且各國已開始執行披露綜合收益報告,此信息的有用性是確定的,但其相關性是否體現了利潤的預測反饋性呢?帶著這一系列的疑問,本書希望通過對收益相關信息的決策相關性研究,為中國收益概念與呈報改革提供思路。

1.1.3 相關性、未實現收益及披露設計

1.1.3.1 綜合收益信息的決策相關性

各國的收益報告已逐步向綜合收益報告趨同,會計政策制定組織也在根據公司的披露情況對收益報告的內容和形式進行修訂與改革。若要研究綜合收益信息的決策相關程度,首先應弄清綜合收益的概念起源、已有的呈報方式、信息內容、信息有用程度以及是否與決策相關。

本書通過文獻梳理和各國對綜合收益的概念與準則及呈報形式進行比較,分析中國會計環境和收益披露現狀,探討了會計信息質量重要特徵相關性與如實反應之間的取捨,重點闡述

相關性的內涵與構成，通過理論分析，設計實證研究綜合收益信息的含量、及時性、預測性等相關性問題，從數據上探析其決策有用性。研究中，本書擬採用多種方法驗證收益信息是否具有及時性、綜合收益信息的披露是否可以為使用者的預測提供幫助，若是其具備預測作用，那麼根據會計循環的原理，其信息同時也是可驗證的，具有反饋價值。

1.1.3.2 未實現收益

收益概念的改革和演進是必然的，首先是概念自身需要完善的內在原因，其次是國際趨同和準則完善的需要，再次是財政部等相關部門對控制企業進行盈餘操縱檢驗的有效方法之一，最後是企業自身控制盈餘操縱的約束。大部分研究對「實現」問題的探討較多，學者們也都默認了收益更多地指向「已實現」的概念，但隨著經濟發展和市場理性，經營業務多元化發展，企業主營業務與非主營業務的界限變得模糊，收益不再根據業務是不是企業主要經營而劃分；同時，越來越多投資、融資方式的誕生，金融工具的引用，計量手段的豐富，催生了許多「未實現」收益，收益的概念逐漸向著整體、總括和全面的方向改變，慢慢地向「經濟收益」的概念趨同。

國外的未實現收益包括外幣折算調整項目、可供銷售證券上的未實現利得或損失、最低養老保險金負債調整、金融衍生產品未實現的利得或損失等，均為長期投資所帶來的沒有實現的收益，但是該收益在未來會計期間內可預計實現。中國現有的財務報告披露存在著一定的缺陷，新會計準則執行初期，即2007—2008年，未實現收益部分在所有者權益變動表中披露，如可供出售金融資產的公允價值等，部分又在利潤表中披露，如減值準備和公允價值變動損益等，沒有統一，這樣更加混淆了綜合收益的概念。雖然在財務報告中披露「非經常性損益」內容，對決策者有用，但相對於「實現」和「未實現」損益來

說，兩者只是對收益概念劃分維度的不同，且前者和「經常性損益」結合起來也不能體現「總括收益」的概念。2009年後，財政部規定了外幣報表折算等五項明細項目列入「其他綜合收益」核算，並將其匯總額列示在利潤表中。面對這一系列的改革，本書期望通過相關實證研究，未實現損益的披露內容和位置進行論證，也為收益概念的新釋義進行鋪墊。

1.1.3.3 綜合收益報告的設計

在信息平臺的搭建上，各國採用了多種方式披露「綜合收益」，準則的制定方與實務界一直在討論、折衷，沒有形成一個統一的格式，這是各國在向國際準則趨同道路上需要磨合的一步。由於各國的金融市場完善程度不同、會計計量能力不同導致未實現收益的確認難以一致，因此統一綜合收益的呈報還需要一段時間。但在此期間中，學者們應適時思考，並根據已有披露情況進行定量和定性分析，為本國的綜合收益報告內容及格式出謀劃策，以期能為報表使用者們提供更為相關有用的決策信息。

根據研究發現，中國披露在所有者權益變動表中的未實現收益往往不受使用者的注意，雖將總額列示在利潤表中，但也不能引起市場的廣泛關注，這也是準則制定方和實務界一個折衷的結果。因此，要應用綜合收益的概念，並將其完整地列示出來，就必須規定其呈報方式。筆者認為，收益信息平臺的構造是影響決策使用者制定決策的，其改革也極具決策相關性，中國可以分階段地對綜合收益報告進行改革，並通過市場反應對其進行測試，為綜合收益報告的最終成型提供充分紮實的理論與實務依據。

1.2 研究思路及主要研究內容

本書針對國際會計準則提出的「綜合收益」呈報與中國 2006 年會計新準則對已實現收益和未實現收益呈報要求，探討綜合收益信息在中國的適應性，並選擇會計信息質量特徵——相關性對其進行定量與定性探討，分析綜合收益內涵與要素定義，尋找綜合收益呈報方式，研究其在財務報告中的重要性以及對資本市場的影響程度。本書對「淨收益」概念和內容提出新解，擴大了現有「收入」與「費用」要素的定義範圍，在「一表式」的結構下設計綜合收益報告，全書的結構邏輯如圖 1-1 所示。

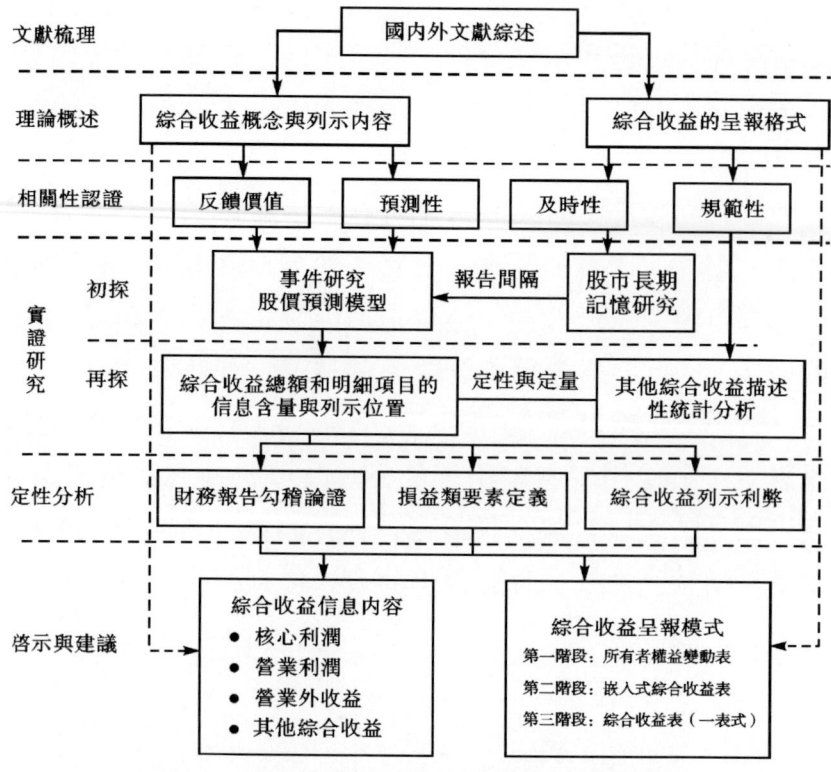

圖 1-1　綜合收益會計研究邏輯分析框架

全書共分四個部分。

第一部分為國內外文獻梳理。通過明確綜合收益的概念及構成，重點分析美國、英國和國際會計準則中對其定義及應用的情況，探索國外學者對綜合收益報告的應用和綜合收益信息相關性的研究，驗證是否只有在收益表中披露未實現損益才能更好地控制企業進行盈餘操縱的可能性。從收益概念的發展、要素的擴展、計量方法的豐富和報告披露的基礎條件四個方面，探尋綜合收益在中國的應用情況；同時，就其信息相關性進行梳理，研究在中國列報綜合收益是否是有一定基礎的，是否能在市場引發顯著性的反應，並能有效控制上市公司盈餘操縱，為後續研究提供基礎和思路。

第二部分為理論概述，包括了綜合收益概念和列報載體的理論概述與相關性特徵概述。通過比較分析美國、英國、國際會計準則和中國對綜合收益的概念及內容的規定，認為其採用了「資產負債觀」，明確了價值創造，將現行價值作為主要計量屬性，完整地披露了企業的收益情況；同時通過從擴展收益表法、綜合收益表法和權益變動表法三個國際上備用的呈報披露綜合收益報告的信息載體方面，分析英國、美國和 IASC 的綜合收益報告呈報，為後文中國綜合收益報告的設計奠定理論基礎。同時，此部分在決策有用觀的指引下，探討了相關性與如實反應的選擇，闡述了相關性特徵的含義和組成要素：可預測性、反饋價值與及時性，明確了相關性的判別標準，即什麼樣的會計信息才是與決策相關的信息，為實證研究部分鋪墊研究思路。

第三部分為實證研究，本部分以 2009 年為分界點，進行新會計準則執行初期綜合收益的相關性初步探討，以及 2009 年後，其他綜合收益列示情況與信息含量的進一步研究。初步探索時，本書根據文獻綜述與相關理論概述設計了三個實證研究，從財務報告時間間隔研究財務信息的及時性，通過事件研究法

和股價模型研究綜合收益信息的預測能力，驗證了五個假設，從實證角度重點研究了綜合收益的信息相關性。初次探索將選取上海證券交易所上市公司股價和年報信息為研究樣本。首先，採用非參數統計方法重標極差分析法（R/S）、V統計、趨勢去除法（DFA）和平均窗口移動法（DMA），運用分形市場理論和赫斯特指數對滬市樣本上市公司的日收盤價進行了長期記憶過程的探尋，發現了滬市的記憶間隔。其次，運用事件研究法研究在財務報告披露報告期內，市場是否產生了非正常報酬，探索淨收益、綜合收益和直接計入所有者權益的利得和損失是不是引起產生超額報酬的因素。最後，運用股價模型，採用截面數據對2007年和2008年滬市股價與上市公司年報數據進行分析，從市場對綜合收益信息的總額與單項內容兩個大方面進行實證研究。

隨後，本書著重探討了自2009年起，其他綜合收益在上市公司年報中的列報情況，總結了其中存在的規範性和完整性等問題；並在滬深兩市上市公司應用其他綜合收益的樣本中，繼續實證探討綜合收益總額、其他綜合收益明細項目的信息含量和列示位置的問題，驗證了三個假設，為後文定性分析和綜合收益呈報的設計提供了數據證明。

第四部分，依據前文對綜合收益及綜合收益信息的相關性理論概述及實證研究。首先，從決策者信息擴容、財務報告呈報改革需要、計量屬性使用和控制盈餘管理四個方面分析了呈報綜合收益的必要性和局限性。現今，綜合收益在中國的應用還未普及且存在諸多問題，但收益改革的基礎和條件還是具備的，改革也是「收益」概念發展的必然要求。其次，對收益信息基本要素進行確定，包括收益觀念的轉化、損益類要素定義的擴展、允許多種計量方法並存及財務報告之間，資產、收益和現金要素之間的勾稽關係，構建了綜合收益觀下財務報告內

在邏輯圖，為收益項目重構奠定了基礎。最後，從經營資產和投資資產的劃分入手，對比經營、投資和融資三大現金流，重構淨收益的構成，並根據前述理論概述和實證結構重新審視未實現收益，研究在一表式的形式下，囊括已實現收益和未實現收益，提出從所有者權益變動表、過渡到添加其他綜合收益的綜合收益報告，最終形成重構利潤結構後的綜合收益報告的三個階段和三種形式，設計綜合收益的呈報模式，改進企業業績披露的平臺。

　　本書從管理學文獻和各國會計準則對收益及收益呈報的理論研究文獻出發，基於綜合收益概念和會計信息質量特徵之一——相關性，運用非參數統計和股價預測模型等實證研究方法對綜合收益信息內容逐步進行探索，並總結了現有其他綜合收益在列報中存在的問題，就其列報格式進行了分階段的設計與建議。本書以規範研究為基本研究方法，結合實證分析，通過定量分析、主因素分析、歸納、演繹和比較，挖掘了綜合收益信息的決策相關程度，並從定性角度出發，總結出了綜合收益信息在中國應用的內容及列報形式。

2 文獻綜述

隨著資本市場的國際化，無論是籌集資金的企業，還是投資者，都深感會計信息對正確決策的重要性。其中，最能判斷企業收益性和成長性的財務業績信息是相當關鍵的。對此，美國等西方國家近年來在財務業績報告的研究和應用上都投入了極大的精力。由於傳統的收益表只反應已實現的收益情況，不反應未實現的收益，不能滿足報表使用者的決策需求，因而受到會計理論界和實務界的強烈批評，圍繞收益概念和呈報方式的改革研究也就隨之而來。

2.1 國外文獻綜述

2.1.1 綜合收益及構成的研究

美國會計準則委員會於 1980 年率先提出了「綜合收益」的概念（也稱為總括收益），其在第 3 號財務會計概念公報（SFAC No. 3）中的定義是「一個會計主體在某一期間與非業主方面進行交易或發生其他事項和情況所引起的權益（淨資產）變動。它包括這一期間內除業主投資和派給業主款以外的權益的一切變動」。主張總括收益有用的重要論點在於它能夠排除經

營者的隨意性，這正是準則制定者們所具有的信息有用性的強烈信念，管理當局對此概念表示接受，對其進行披露。根據 SFAS No. 130，其他綜合收益是綜合收益的一部分，並且在淨收益之外進行歸集。

早在此報告前，外幣折算調整金額、最低養老金負債調整和可供出售金融資產的未實現利得與損失是在資產負債表所有者權益處進行單項披露，之後，被放在了其他綜合收益表中單項披露。隨後 SFAS No. 133 要求其他綜合收益中披露金融衍生工具的未實現淨損益。

綜合收益理念提出後，研究者們就展開了對此信息及其構成的研究。一些研究者將盈餘（Earnings）分為臨時性盈餘（Transitory Earnings）和持續性盈餘（Permanent Earnings），並在不同盈餘中進行了相關性研究，即證券價格或證券價格回報是否反應了投資者對不同盈餘披露有不同反應。運用時間序列分析，將持續性盈餘相對臨時性盈餘賦以較高的價值權重，研究發現劃分兩種盈餘方式比不劃分對市場回報有更強的解釋力（弗里曼、特伊，1992；艾倫等，1992；拉米什、泰加拉建，1993；彭漫、索基里斯，1998；羅、里斯，2000；巴克，2004；蒲柏、王，2005）。除劃分以外，盈餘的構成及構成項目對市場回報也具有解釋力。力普（1986）研究將持續經營的收益劃分為六個部分，分別為毛利、行政費用、折舊、利息費用、所得稅和其他，每個部分可計量且具有持續性，每部分都能解釋股價。懷德（1992）在前者的研究中增加了 5 個資產類要素，並用 1983—1985 年隨機抽取的 515 家公司研究得出行業特點和公司規模不同，收益各項內容對股價的解釋力度不同。還有學者用投資回報率指標（弗爾德等，1996）和廣告費、研發費（巴布里特、艾特尼，1989）等加入上述研究者的研究中更新研究得出持續性盈餘更具預測性。

但當研究者試圖將綜合收益與盈餘的相關性進行比較的時候發現，持續經營帶來的收益相關性強於淨收益，而淨收益的相關性強於綜合收益（程等，1993），其他綜合收益的預測能力弱於持續經營帶來的收益，綜合收益的構成能反應市場回報（陳等，1990；蘇，1994）。但也有研究者持反對意見，如希克合里斯拉米（1992）和巴佛（1997）認為其他綜合收益的構成與市場反應無關，雖然雙方均考慮了匯兌損益（SFAS No.52）在其他綜合收益中單獨披露的因素。哈里弗等（1999）研究得出其他綜合收益能解釋市場反應，但其研究結果導致了不少企業對其他綜合收益項目進行調整以完善財務指標的行為。

巴斯等（1993）對養老金費用從持續經營中拆分出來，並做了劃分，再將其與市場投資回報進行迴歸統計分析時，他們證實了劃分後各部分系數差異和在持續經營裡的預期差異一致，養老金費用在中變量中佔有權重最大。

金融資產未實現收益的市場反應研究是最為廣泛的。研究者們通過對未實現金融資產損益變化研究得出其對市場回報有解釋力（阿哈姆德、塔克達，1995），對樣本為負債性長期資產的保險公司的研究也類似（佩特妮、瓦倫，1995），並否定了巴斯（1994）之前對此的否定研究結果，證明其因沒有包含因利率變動導致的其他資產和負債價值變動變量而得出的錯誤結論。後續的研究指出影響市場回報的金融資產未實現損益通常來自於權益投資和美國財富投資，而不是如國家或公司債券一類的投資性金融資產，並建議不披露交易不活躍、計量不確定的金融資產的未實現損益，因為這樣會導致此類信息不具有價值相關性。

金融工具公允價值變動與市場回報有著較強的關聯關係，這種關係在金融行業，特別是在健全的銀行樣本中比在非金融行業中更為顯著（巴斯等，1996）。但這種關聯關係在綜合收益

要求披露後變得較弱（艾特等，1996），並且對淨資產回報率和帳面價值增長率等控制變量變得敏感（尼爾森，1996）。

有關報告披露的中止經營、重大事項、會計變更和其他事項對市場回報的解釋力度就不如前三者（德哈拉、列弗，1993；柯林斯等，1997）。對其他盈餘披露項目的重構並不能直接解釋公司業績與市場反應的關係（詹寧斯等，1998）。

2.1.2 綜合收益列報格式的應用與效果

確認和使用財務報表信息，對信息是怎樣披露的十分敏感（阿巴巴萊拉、布什義，1997）。綜合收益的披露主要內容得到統一後，信息呈報模式由於政治因素和利益集團的壓力，一直未能達成一致，眾說紛紜。IASC自2001年4月改組為IASB後，力求構建單一的綜合收益報表，即在每一資產負債表日按公允價值確認資產和負債，報表日之間所發生的資產、負債公允價值的所有變動包括已實現和未實現的，均在單一的綜合收益表中進行反應。

1973年12月，FASB以5票對2票通過了關於綜合收益報告的《財務會計準則公告第130號》（SFAS No.130），建議在單獨的綜合收益表或在收益表的補充信息中披露，將包括那些尚未在收益中確認的利得與損失。然而，產業界成功地說服FASB提供了第三種備選方法：在讀者很少仔細查看的報表——股東權益變動表中披露。最終美國在發布報告綜合收益時，包含了三種披露綜合收益的可選擇方法，企業可從中挑選一種報告其他綜合收益（艾蒂芬，2005），大多數公司選擇在股東權益變動表中歸集其他綜合收益，在表裡對有關業績指標做進一步編製及信息揭示，將綜合收益及其明細資料作為留存收益及其他總括收益累計額的期中變動形式表示。

之後，學者們對公司執行SFAS No.130的情況進行了研究，

發現，與 FASB 和 IASB 採用的「對投資者提供決策有用信息」的想法相反，應該是「有用」的總括收益信息沒有想像的那樣有用，按理是否定有用性、易被經營者操縱和調整的「淨收益」卻得到了人們的重視，這和「未實現」損益披露的載體是有關係的。

最先對綜合收益列示位置進行研究的學者是埃里克·赫斯特和派翠克·霍普金斯（1998）。他們以專業的證券分析師為實驗對象進行實驗研究，並假設公司通過可供出售金融資產來進行盈餘管理。參與者分別被分配予以損益表格式（即「一表法」和「兩表法」）和以所有者權益變動法對綜合收益進行披露的兩種格式的報表，實驗要求參與者由所獲取的報表上的信息識別出盈餘管理的行為。實驗結果表明參與者在以所有者權益變動法格式進行披露的報表中看綜合收益信息相比在損益表格式報表中看綜合收益信息，後者更容易識別出盈餘管理，從而得出以損益表格式對綜合收益進行列報能夠提高信息的透明度的結論。坎貝爾等（1999）研究了早期採用 SFAS No. 130 的 73 家公司的樣本，發現大多數公司選擇在股東權益表裡報告綜合收益，而且均存在大量負的其他綜合收益金額。巴哈莫斯瑞和威金斯（2001）發現，標準普爾（Standard & Poor）100 中的許多公司，不管其他綜合收益是否為正數，都在股東權益變動表裡報告綜合收益。加內升和杰弗瑞（2004）隨機採自截至 2002 年年報披露時，列示了其他綜合收益和綜合收益總額的 100 家在紐約證交所上市公司的年報。這 100 家公司中，89 家使用股東權益變動表列示其他綜合收益和綜合收益總額情況（其中 58 家其他綜合收益為負，占 65%）；9 家樣本公司選擇以單獨的綜合收益表列示（其中 6 家其他綜合收益為負，占 66%）；其餘 8 家樣本公司在收益表中分別列示淨收益、其他綜合收益和綜合收益（其中 2 家其他綜合收益為負，占 25%）。此外，共有 6 家公

司未在作為年度報告呈示的財務報表內提供其他綜合收益的詳細信息，而是在表外的報表附註中揭示。研究者推斷，在股東權益變動表中「隱藏」可供銷售證券未實現利得或損失和最低養老金負債調整是大多數報告負的其他綜合收益公司的較重要的項目，可能是導致 2000—2002 年美國證券市場股價的大跌的原因之一。

那麼，選擇使用股東權益變動表披露綜合收益信息是否能有助於報表使用者們的決策呢？是否具有業績信息揭示的內在特性，對綜合收益的業績指標的定位如何？不選擇損益表或利得與損失表披露綜合收益，是否說明會計實務中基於實現路徑的本期淨收益概念更為重要呢？

勞倫·門斯和琳達·麥克丹尼爾（2000）對美國 FASB 第 115 號準則以及第 130 號準則允許的不同的綜合收益報告方式對非職業投資者的影響進行了實證研究。結果表明，只有將業績信息在單獨的綜合收益表中而不是在股東權益表中列示時，非職業投資者在評價經營者業績時，才會對未實現利得和損失項目給予更大的關注，即綜合收益信息在綜合收益表中比在股東權益表中報告更為有用（瓦特、澤門曼，1986；艾瑪，1993；比弗，1998；艾倫、蒲柏，1999；斯科特，2006）。丹尼斯·錢柏斯、托馬斯·林斯梅爾、凱瑟琳·沙士比亞和西奧多·索基里斯（2007）通過採用實際的股價和財務報表數據來檢測綜合收益的列示位置是否對股票的價格產生影響。研究結果發現當綜合收益在所有者權益變動表中進行披露時，其他綜合收益的信息被包含在股價回報中。相反，當綜合收益以損益表格式進行列報時，其他綜合收益的信息幾乎都沒有被包含在股價回報中。這個結果與大部分上市公司當時在所有者權益變動表中披露綜合收益的做法相一致。可見，提供單一的業績報告會使信息使用者做出更好的決策。如果投資者們更關注其他綜合收益和收

益總額，那麼公司應該統一地披露綜合收益的詳細情況，但同時需要準則制定者們出抬對披露格式的規定和指導意見（加內什·潘迪特、杰弗瑞·菲利普，2004；巴斯，2005）。

　　FASB 及 ASB、IASB 的觀點是將總括收益作為業績指標來揭示，業界對此也有許多不同看法。日本經濟產業部的問卷調查顯示，作為業績，受重視的是營業收益、稅前或稅後收益、每股稅後收益（EPS）、現金流量。很多人認為業績就是企業的主營收益，其他總括收益等是不包括該項目的業績的。由此可見，從現實經濟環境的變化及固有的經濟現象出發，將導致企業業績發生較大的變化。無論編製者還是利用者，需要基於主營業務發展，通過調整特殊的變動因素來進行未來預測（日本經濟產業省，2002）。上述觀點與認為總括收益作為業績指標更確切的 IASB 的看法產生了矛盾。

　　目前，對於綜合收益的具體項目是否應該在報表中進行單獨列示，國外鮮有對其進行專項研究的文獻。學者們大多在研究綜合收益的價值相關性時，穿插著探討其他綜合收益單個項目的加入是否能夠提高模型的解釋度，也為其他綜合收益的列示內容研究提供了一些依據。對這一問題進行了比較細緻的研究的有加里·比德爾和崔鐘鶴（2002）。他們通過建立股票收益的迴歸模型，以美國 1994 年至 1998 年的公司數據為研究對象，對 SFAS No. 130 定義的綜合收益單個項目分別進行了研究，發現將綜合收益作為解釋變量的模型的可決系數要低於在解釋變量淨利潤基礎上增加其他綜合收益單個項目後模型的可決系數。同時他們還對綜合收益的價值相關性進行研究，發現區分單個項目對綜合收益進行披露，能夠比匯總披露提供更具有價值的信息。卡娜加什曼、馬修和什哈達（2005）將按照 SFAS No. 130 要求披露的單個綜合收益項目與股票收益的價值相關性進行研究，得出與比德爾、崔相同的結論。

此外，財務報告列報要求的變動，會在一定程度上影響企業的盈餘管理。如保險公司會因對新收益報告中利潤的管理而對資產負債表中的有價證券重新分類（戈德溫等，1998）。澳大利亞會計準則（AAS）規定把重大事項歸入損益表的非持續項目中披露（AAS No.1），管理人員就會調整並將有收益的重大事項歸入盈餘中披露，在非持續項目中披露有損失的重大事項（霍夫曼、齊默，1994）。西方學者理查德（2004）針對美國財務會計準則委員會頒布的《報告綜合收益》準則中存在的一些基本問題，提出的矩陣式綜合收益表的財務業績報告新模式，實質上反應了財務業績報告變革的觀念和趨勢。總之，由準則制定者確定收益項目和規定披露方式，其信息更具有決策相關性，綜合收益的信息也更加有用（比德爾、崔，2006）。

2.1.3 綜合收益信息的相關性研究

會計信息質量這一概念在早期的會計文獻中時有出現，儘管它還未作為一個獨立的問題被會計學界關注。比如，在《會計理論結構》一書中，利特爾頓就提出：「充分披露所有重要和重大的會計信息是財務報表的一個重要規則。」對於會計信息質量特徵，中外學者們研究較多的是可靠性特徵組合與相關性特徵組合之間的關係，兩者既相互依存又相互制約，共同作用以保證會計信息對使用者的有用性。

錢柏（1955）是最早強調信息相關性的會計學家，但並未就特定信息是否與被選定的決策相關做出概念性的描述。美國會計學會（AAA）1966 年發表的《基本會計理論說明書》（A Statement of Basic Accounting Theory，簡稱 ASOBAT）最早提供了四個會計信息標準：相關性、可驗證性、不偏不倚與數量化，把相關性作為了首要質量目標。錢柏一直專注此領域的研究，直至 2007 年還重點研究了其他綜合收益的披露格式和價值相關

性，得出不同項目具有不同信息增量的結論。為此，謝韋德（1986）認為，相關性概念是一種獨立於計量過程的特徵，而重要性則直接與計量相關，即相關統計價值的偏離程度。重要性決策實質是關於相關項目是否具有實務意義且具有足夠偏離程度的一種判斷。通常而言，統計的相關性越高，統計中的偏差就更重要，對問題的解釋能力就越強。鑒於越來越多的研究人士就預測能力（Predictive Ability）進行相關研究這一事實，比弗等（1968）就預測能力（Predictive Ability）的起源、對決策的促進作用、應用中可能面臨的困難等問題進行了比較深入的探討，並認為對某種會計計量的偏好僅僅適用於特定的預測目的或預測模型，而且即便是在一個特定情境下，其結論也只能是初步的、暫時的。弗爾斯曼（1968）認為，在評估額外信息的過程中，有新信號發送至決策者是遠遠不夠的。原因在於，信息被接受的時間也很重要，而且信息接收的時間分佈顯然影響其支付水平[1]。

自波爾和布朗（1986）開創性地建立以信息理論、有效市場理論、資本資產定價理論為基礎的信息含量研究範式以來，大量的學者遵循該範式進行了各項經濟問題的多角度研究，拓展了理論研究的事業，加入了指標分析與數據實證，以為論題提供更充分的論據，很多研究也取得了豐富的研究成果。大量學者的實證研究表明，傳統收益信息的相關性隨著時間持續降低[2]。在過去的40年裡，雖然會計信息總體的相關性沒有下降，但收益表所呈報的收益信息的相關性確實有所下降，只不過這種下降被資產負債表的相關性的上升所抵消。因為近年來，由

---

[1] 支付水平是博弈論中最基本的術語。這裡主要指決策者獲得信息後進行決策所能獲得的收益。

[2] Lev「The boundaries of financial reporting and how to extend them」working paper Newyork University NewYorkNY 1997.

於人們對資產和負債計價真實性的關注，資產負債表實際上已經突破了歷史成本原則的束縛，列示了很多以現行價值或公允價值計量的項目，使資產負債表所呈報信息的相關性有所增加。而收益表卻仍使用歷史成本原則和實現配比原則，使按現行價值或公允價值列示的一些資產或負債項目的價值變動不能在收益表中反應，而是繞過收益表直接在資產負債表的所有者權益部分反應，降低了收益表的相關性。

作為經濟學收益和會計收益協調的結果，國外的學者對綜合收益的能否提供增量信息以及是否具有決策有用性這一問題，進行了廣泛的研究。夏普與沃爾克（1975）對資產重估與股價的關係進行了實證研究，結果表明資產重估增值信息發布後，股票價格明顯上漲。巴特（1997）也發現一些證據表明外幣累計折算調整與股票價格存在相關性，而這兩項由於不符合實現原則，依據當時該國會計準則的規定都不能反應在收益表中，而是直接在資產負債表所有者權益中予以報告，這很容易讓使用者忽略此類信息。美國會計師協會（AICPA）在其每年出版的《會計趨勢與技術》（Accounting Trends and Techniques）中公布了600家公司年報格式和內容的分析報告摘要。在其1996年（APB Opinion No. 19廢止8年後）的報告中指出，這600家公司中有448家繼續提供權益變動表或類似標題的報表（羅伯特·N. 安東尼，2004）。這足以說明會計信息使用者對權益變動信息的需求。奧爾森（1995）、弗爾斯曼和奧爾森（1995）、史塔克（1997）等人早在綜合收益報告準則（SFAS No. 130）頒布之前，就對綜合收益進行了研究。結果表明，以綜合收益反應的乾淨盈餘能更好地反應權益價值。赫斯特和霍普金斯（1998）發現報告綜合收益可以幫助分析師更好地識別盈餘管理行為。門斯和麥克丹尼爾（2000）採用實驗研究方法證明了非專業的投資者在決策時是依賴綜合收益的，但當綜合收益分散列示於

財務報表中時，投資者決策時不會採納這些信息，這也說明報告綜合收益確實能為投資者帶來增量信息。丹尼斯·錢柏特等（2006）使用 SFAS No. 130 實施後的數據進行了實證研究，他們發現在 SFAS No. 130 頒布後，其他綜合收益作為暫時收益（比弗，1998；丹尼斯·錢柏斯等，2007）在投資者的定價決策的制定過程中是被考慮了的，且投資者對於在所有者權益變動表中列示的其他綜合收益比在收益表中列示的其他綜合收益更加敏感。

2006 年後，大多數國外學者逐漸轉向了對公允價值的研究，因為其是未實現收益的計量依據。霍德爾、霍普金斯和瓦倫（2003）發現，公允價值所帶來的收益波動程度是淨收益的 5 倍。艾德里安和信（2007）發現金融機構的槓桿具有很強的順週期效應。通常情況下，公允價值會計改革假定能提供有關公司財務狀況更好的信息（波爾，2007；韋思，2007）。普蘭廷、沙普拉和信（2008）發現在一個缺乏流動性市場上出售資產，會對價格施加不利影響，導致持有該資產的公司報告更多的未實現損失。卡娜加什曼等（2009）研究了基金對沖公允價值變動的決策相關性研究，在此之前，綜合收益相關性研究代表作（達利沃爾等，1999；比德爾、崔，2006；丹尼爾·錢柏斯等，2007）均未將其作為自變量進行研究。

然而，也有很多學者對綜合收益以及其他綜合收益組成項目信息的價值相關性產生了質疑。洪威格（1997）認為綜合收益會因為引入了多重收益計算方法而混淆信息使用者。達利沃爾、蘇布拉馬尼亞姆和特雷茲萬特（DST，1999）通過實證研究證明：綜合收益並沒有比淨收益更好地反應以股票回報代表的公司經營業績，在用股票市價、未來現金流量以及未來淨收益代表公司業績後，綜合收益仍舊沒有表現出比淨收益更好的價值相關性。同時，他們對於在全行業實行相同的綜合收益報告

準則和其他綜合收益組成項目的有效性也提出了疑問。但正如新內爾（1998）以及丹尼斯·錢柏斯等（2006）所評價的那樣，DST等人在理論及代理變量的選擇上缺乏可信度，同時由於DST使用的是綜合收益報告準則（SFAS No. 130, 1997）頒布前的數據，所以實證結果的有效性有待考量。

2.1.4　國外文獻評價

從國外文獻綜述可以看出，從20世紀70年代開始，隨著經濟的發展、資本市場規模的擴大、金融工具的花樣翻新、經濟業務的複雜化，企業所處的經濟環境發生很大變化，企業的會計目標也從傳統的向資源所有者報告受託責任轉為向信息使用者提供對他們進行決策有用的信息。這可以從美國財務會計準則委員會對財務報告目標的研究中看出。財務報告的目標包括向投資人、債權人和其他使用者提供可用來幫助他們評估企業現金流量前景的信息和提供企業資源、資源的主權和它們變動情況的信息。由於會計目標的變化，傳統的以歷史成本原則、收入實現原則、配比原則和穩健原則為基礎的收益確認模式面臨著挑戰。

國外學者們圍繞著SFAS No. 130，對綜合收益報告從未實現收益項目，呈報模式以及綜合收益信息的決策相關性三個方面開展了大量研究，方法大致可以分為兩類：一類是通過問卷調查的方式研究綜合收益信息等會計準則執行情況，對現有披露形式進行分析，發現股東權益變動表並不能很好地反應公司業績，投資者和分析師對用此形式列示綜合收益並不關注，或不喜歡運用單獨的綜合收益信息來評估公司和管理部門的業績；同時，公司盈餘操控的現象並沒有得到很好的改善，準則制定者們還是期望用收益報告的模式來列示綜合收益，但準則制定者與實務界之間的博弈還需要一段路程要走。另一類是通過建

立收益模型或股價模型，以研究者本國的上市公司數據為研究對象，對綜合收益的內容，特別是未實現收益項目的確定，進行相關性研究，為綜合收益報告內容奠定基礎。研究發現的是傳統淨利潤指標相比綜合收益更具信息含量和決策相關性。

2.2 國內文獻綜述

會計信息是由資產負債表（Balance Statement, B/S）、損益表（Profit and Loss Statement, P/L）以及現金流量表（Cash Flow Statement, CFS）為中心加以體現的，對於企業業績的信息解釋是由利潤表來承擔的。與傳統收益概念相比，綜合收益包括的內容更廣泛，不僅包括已實現的淨收益，還包括未實現的。

2.2.1 綜合收益概念的應用

2.2.1.1 「收益」概念的發展

中國習慣將「收益」稱為「利潤」，是指企業某一會計期間經營成果的體現。構成利潤的「收入」與「費用」的概念也在不斷地改革中。中國原有會計準則存在著諸如會計法規對利潤的確認和計量未能實現邏輯一致性的問題，如按制度列舉的營業外收入項目有同樣性質的項目如接受捐贈取得的收入、債務重組收益、外幣資本折算差額等，被確認為資本公積，而未能列入利潤指標和利潤表；而捐贈支出、債務重組損失等被確認為營業外支出，列入了利潤指標和利潤表。曹偉（2004）認為如果不想將某些項目籠統地確認為資本公積或利潤，就必須啟用反應經營業績的另一個概念──綜合收益，否則將不能全面地反應企業資產的增值狀況和經營業績。中國2006年的新會計準則對利潤的定義和財務報告披露的更改就體現了綜合收益

這一概念。

　　引入「綜合收益」概念，是在相關準則的完善基礎上，一方面體現國際趨同，另一方面也是作為對企業進行盈餘管理的控制手段。美國、英國等國家均已開始使用綜合收益概念作為企業某一會計期間業績考核的指標。歐洲各國會計制度多採用稅務導向的會計，即會計報告利潤與應稅收益是相一致的，企業更傾向穩健地報告盈利數據和注重資本保全。因此，在對盈利（包括主營業務利潤和淨利潤）的確認上比國際會計準則更為嚴格。國際會計準則具有強烈的投資者導向，企業的盈利狀況關係到股利分配，從而決定能否更多地吸引投資，以督促企業更完整地披露自己的盈利能力和保持對股東的分紅以降低在資本市場上的融資成本。周紅（2005）以巴黎股市 40 只股票（CAC 40）和歐洲其他股市的 21 家公司為樣本，研究了向國際財務報告準則（IFRS）過渡對歐洲上市公司財務報告的影響。研究發現這一影響是有限的和平穩的，其採用 IFRS 使樣本公司的合併報告淨利潤平均水平明顯提高，權益資本略有減少。總量分析和迴歸分析均顯示：商譽、無形資產、庫藏股、匯率變動、資產重估、養老金和金融工具等項目的調整是產生披露差異的主要影響因素，規模較大的企業報告盈利指標調高較多。其中，影響主營業務利潤披露差異的因素有盈利率（負影響）、企業規模（正影響）、電信行業（正影響）、商業行業（正影響）；淨利潤的披露差異除了受主營業務利潤變化的影響之外，顯著地受外幣折算調整的正影響。

　　綜合收益報告的支持者們認為，綜合收益的理想內涵與經濟學的收益概念基礎完全契合，但是以此為基礎構建的單一的綜合收益表再從理想變為現實的道路上卻困難重重，任何細小的妥協都可能使綜合收益的理想內涵向折衷後的某種現實外延（黨紅，2003）。美國的財務業績模式創新對中國財務報告體系

有一定的啟示：一是需要順應會計準則的國際化發展，二是挑戰金融工具的計量與披露（王躍堂、趙娜、魏曉雁，2006）。

　　從國際會計準則委員會和各國準則制定機構的態度可以看出，兩者都比較支持使用收益表的方式來列報綜合收益。中國於 2006 年 2 月公布了新會計準則體系，雖然這一體系在短時間內不會有較大的改動，但中國收益報告改革的方向是報告綜合收益（周萍，2007）。

2.2.1.2　會計要素的擴展

　　會計要素是會計工作的具體對象，用以反應財務狀況，確定經營成果，它們還是財務報表通常所含有的大類項目，是構成財務報表最根本的組件。企業財務報表是把某一會計期間的會計信息綜合起來，通過會計要素的匯總，反應其在一定日期的財務狀況和一定時期內的經營成果。

　　目前，中國業績報表是利潤表（國外稱為收益表或損益表），其要素應是營業收入（相當於收入）、營業支出（相當於費用）、營業外收入和營業外支出（相當於利得和損失）。中國新會計準則在主張綜合收益的同時，增加了「利得」和「損失」兩個要素。因為從期初期末淨資產變化的角度定義，綜合收益等於會計期間內扣除所有者投資和所有者分配後期末淨資產與期初淨資產的差額。它描述的是企業資產在會計期間內的淨增值，利潤只是其中一部分。如果不區分利潤和綜合收益，容易導致在理論上衝破利潤確認的收入實現原則、在實務中任意擴大利潤的現象，從而降低利潤指標的質量，造成企業之間經營業績的不可比。因此，有必要增加利得和損失以確認當前利潤表中未包含的特有的、不正常的關聯交易損益以及其他會計準則規定不得確認的損益。這樣中國業績報表就既含收益表，又含綜合收益表，則其要素可以為綜合收益、收入、費用、利得和損失。但姚旻霏（2006）認為，只將利得和損失作為收入

和費用的子要素，由於前者與後者處於不同層次，會使得前者在財務報表中地位尷尬。

2.2.1.3 計量方法的轉變——公允價值

中國新會計準則不再強調以歷史成本為基礎的計量屬性，在投資性房地產、生物資產、非貨幣性資產交換、資產減值、債務重組、金融工具、套期保值和非同一控制下的企業合併等方面都引入了公允價值計量屬性，將公允價值的變動直接計入利潤，以充分體現相關性的會計信息質量要求（劉玉廷，2007）。

伴隨中國金融體制的改革，新型的金融市場如股票、權證、期貨、外匯市場等的發展正在促進金融工具創新的速度。中國進入WTO，加上資本市場全球化速度加快，使得衍生金融工具的確認、計量和報告問題引起會計實務界的日益關注。會計計量已經在中國審慎運用（陳旭東、逯東，2009），公允價值會計在金融加速器和資產市場混響效應的基礎上引入會計加速器，使風險承擔更具順週期效應。這對金融系統的穩定產生了不利影響（王海，2007；王守海等，2009），其應用還應和風險管理相結合。

2.2.2 綜合收益呈報方式的研究

新會計準則執行初期，股東權益變動表採用的是更為詳細的方式來列示所有者權益的變動，不僅體現了所有者權益（股東權益）的重要性，而且正式提出綜合收益的理念，邁出了中國會計向前發展的一大步（李安迪，2008）。在所有者權益變動表的背後，是會計目標的變化引發的會計固有理論、程序和方法與變化的經濟環境的摩擦、碰撞與協調，所有者權益變動表標誌著中國在變革收益報告方面終於有了實質性的進步（楊曉玉，2008）。所有者權益變動表是一張反應企業綜合收益的報

表，向信息使用者提供更加相關、可靠的信息。

但現有的所有者權益變動表又包含了一部分利得和損失，混淆了收益與資本的界限（吳兆旋，2007；吳迎春，2009）。學者們認為，所有者權益變動表擔當資產負債表和損益表的紐帶重任將隨著未來綜合收益被廣泛應用而消失，未來的計入所有者權益的利得和損失應與目前損益表中的項目在一張綜合收益表中共同列示，以增強會計信息的相關性，並向著透明、相關、可比的高質量的會計信息努力。

在2006年新會計準則公布前，林鐘高（2005）就認為中國的會計準則若採用公允價值作為主要的計量屬性，必然會導致按照公允價值計量的資產負債表中年度的淨資產變動額（扣除業主往來交易）不等於傳統損益表收入費用觀下確認的淨收益。隨著研究的深入，學者們越來越普遍地認為中國應該採用「單一報表法」列報其他綜合收益項目，即擴展的收益表模式：在利潤表的淨利潤下列示其他權益收益項目，最後報告綜合收益總額（吳明建，2008；賀德華，2009；翟曉玉，2009；陳麗蓉、潘芹，2010）。將業績信息在兩個業績報告中列示，會使信息使用者的認知成本（Cognitive Cost）加大，而單一業績報告可以使信息使用者容易發現企業管理者盈餘管理的行為，更好地利用綜合收益信息評估公司的業績（王松年、顧兆峰，2002）。將未實現的利得或損失反應在業績報告中，可以使業績報告更加全面和真實，也可以減少企業管理人員故意將當期某些已實現收益遞延到以後期間以平滑各期收益的盈餘管理行為；同時，這種做法還促進了會計收益和經濟學收益的融合。但對一表法也有少數不同的呼聲，研究認為，採用一表法可能會降低淨收益的重要性，尤其是在從淨收益向綜合收益的過渡時期，人們無法在較短的時間內適用綜合收益這一概念（李慧娟，2006；周萍，2008）。

關於其他綜合收益的列示，顧珺（2010）結合中國國情，認為將其他綜合收益當期轉入損益的金額等信息及其所得稅影響在利潤表中以項目單獨列示，更有利於報表使用者分析企業的實際業績水平。因此，建議在「其他綜合收益」下設「公允價值變動損益（未實現）」「投資收益（未實現）」「其他未實現的利得和損失」等項目，並以淨額列示。康瑞瑞（2011）以 2009 年滬市 124 家上市公司為研究對象，同時採用價格模型和收益模型來檢驗淨利潤、綜合收益總額、其他綜合收益總額和其他綜合收益各個項目與股票價格的價值相關性。研究結果表明，綜合收益和淨利潤都具有信息含量，而其他綜合收益單個項目的披露增強了會計信息對股票價格的解釋力度，並且其他綜合收益各個分解項目的價值相關性要高於其他綜合收益總額的價值相關性。他認為，單獨列示其他綜合收益的各個分解項目，可以提高會計信息的決策相關性，更好地滿足投資者的信息需求。

　　此外，IASB 和 FASB 聯合發布的《財務報表列報初步意見》（討論稿）要求按照經營活動、投資活動和籌資活動對資產負債表、利潤表（綜合收益表）和現金流量表進行分類，重構財務報表體系和列報內容，為投資者提供更清晰的信息以進行投資決策。國內學者高雯（2010）預測，由於中國的市場不夠成熟，管理層的職業判斷能力和職業道德水平還比較低下，新財務報表列報模式的應用所帶來的成本、信息的解讀等問題還無法得到解決。因此，在中國目前的經濟體制下，應用新的財務報表列報模式還為時過早。

2.2.3　綜合收益信息的質量特徵研究

　　會計被看作是一個以提供財務信息為主人造的經濟信息系統，它與會計信息質量特徵皆屬於財務會計概念框架，對其起

著指導作用。而會計信息質量特徵就是會計信息所應達到或滿足的基本質量要求，它是會計系統為達到會計目標而對會計信息的約束（吳水澎等，2000）。葛家澍（2003）認為，會計信息質量特徵就是對會計信息應具有的質量標準所作的具體描述或要求，也是對會計信息質量進行評判的最一般和最基本的依據。他具體規定了會計信息為實現會計目標應具備的質量的規定。楊世忠（2005）認為，會計信息的質量特徵是指會計信息滿足使用者需求和經濟秩序維護者要求的屬性，即信息的真實性、可靠性、公正性、合規性、相關性等，人們可據此判斷會計信息質量的高低①。

從20世紀90年代開始，中國學者也發現在中國資本市場的制度背景下，會計收益具有信息含量。趙宇龍（1999）採用巴勒和布朗的方法對滬市樣本研究後發現，1996年度的盈餘披露具有比較明顯的信息含量和市場效應。同時，1994—1996年的分年度考察表明股市對會計信息的反應越來越敏感，說明證券市場的發展處於不斷理性的過程中。陳曉、陳小悅和劉釗（1999）通過檢驗交易量和意外盈餘兩種方法，證實了在中國股市場上，盈餘數字具有很強的信息含量。這說明會計信息使用者尤其是股權投資者，可以通過分析公司的盈餘數據發現會計信息的實質。陳曉、陳淑燕（2001）證明了市場對包括盈餘信

---

① 2006年7月6日，FASB和IASB表達了它們關於財務報告目標與財務報告信息質量特徵的基本觀點及其形成結論的依據——「基本觀點：財務報告概念框架——財務報告目標與決策有用財務報告信息的質量特徵」（Preliminary views: Conceptual Framework for Financial Reporting: Objective of Financial Reporting and Qualitative Characteristics of Decision-Useful Financial Reporting Information）。它們認為決策有用的財務報告信息的質量是相關性（relevance）、如實反應（faithful representation）、可比性（包括一致性）（comparability, including consistency）和可理解性（understandability）。這些質量有兩個約束條件：重大性（materiality）和效益高於成本（benefits that justify costs）。

息在內的整體年報信息的反應是顯著的。陳炳輝、黃文峰（2005）發現股票價格與會計盈餘之間具有非線性的、互動的、結構性的關係。

會計信息的重要目標之一，就是幫助使用者判斷上市公司優劣，從而為投資者決策提供相關的信息，但是中國很長一段時間把相關性特徵作為上市公司財務會計信息的次要質量特徵。這是因為，首先，由於在經濟轉型的歷史進程中出現了大量上市公司會計信息失真的現象，社會公眾對上市公司披露的會計信息信任度降至最低，中國資本市場成弱勢有效（王又莊，2002；史永東、趙永剛，2006；常明健，2007）。不僅上市公司，根據財政部 1999—2003 年連續五年公布的《會計信息質量抽查公告》披露，「絕大多數被抽查企業的會計信息都不同程度地存在失真問題」，「企業會計信息失真等違規問題相當普遍」。在此期間，朱鎔基總理給國家會計學院做了「不做假帳」的題詞。其次，美國將「決策相關論」作為會計目標並把會計信息有用性至於首位，在安然事件和世通事件之後連忙出抬了旨在強化會計信息可靠性特徵的「薩班斯法案」。楊世忠（2005）認為，在這樣的國際國內歷史背景下，將真實性、合規性、公正性特徵置於相關性特徵之前，是理所當然的。

霍爾等（2000）、陳漢文等（2004）、程小可等（2004）以及巫升柱等（2006）分別利用不同年度的上市公司數據，採用不同的方法對中國上市公司的信息公告及時性與業績變動、審計意見之間的關聯性進行了實證分析，他們的研究表明在現實的中國市場存在「好消息早，壞消息晚」的披露規律，同時非標準審計意見也是影響盈餘報告延遲披露的重要因素。朱曉婷（2006）依據中國深滬兩市上市公司 2002—2004 年年報數據，運用事件研究法，以上市公司年報時滯作為及時性的替代變量，發現早披露年報公司的市場反應顯著強於晚披露公司，從而得

出了及時性具有信息含量的肯定結論。但相關及時性的研究並沒有針對某一項具體的信息，而是對整個財務報告信息而言的。

　　2006年新會計準則頒布後，由於某些資產與負債的市場不發達甚至不存在，會計計量技術可能達不到期望程度或者計量成本將大於計量效益。學者們對會計信息特徵的研究轉移到相關性上，但是研究對象也不再局限於盈餘信息的相關性，更多的學者對綜合收益信息的相關性展開了探討。但是由於數據披露時間問題，前期的研究者多數是從定性的角度進行研究，直至2008年，才陸續出現少量的有關綜合收益信息相關性研究的文獻。吳明建（2008）認為，綜合收益會計的研究首先要重釋收入與費用的定義，其次是其內容項目的確定，再次需要加大實證研究的力度，解釋諸如綜合收益能否比淨利潤指標提供與決策更加相關等問題，最後需要加強對公允價值計量屬性和重分類調整的研究。羅婷等（2008）以所有A股上市公司為樣本，檢測了在新會計準則執行後上市公司淨資產的價值相關性的改善程度，發現新準則執行後，會計信息的價值相關性顯著改善，表明新準則的推行確實有助於會計質量的整體提高。彭韶兵等（2008）研究發現基於收付實現制的現金收益，比基於權責發生制的應計總額具有更高的盈餘相關性，市場並沒有對具有更高盈餘相關性的現金收益做出反應。湯小娟（2009）以中國滬市A股市場2007年的數據為研究對象，用 [−6, −1] 作為財務報告時間窗口，分析了新會計準則倡導的綜合收益與傳統的淨收益帶來的信息含量的差異。結果表明，淨收益和綜合收益均與累計非正常報酬率顯著相關，且淨收益的影響程度高於綜合收益。大部分研究者發現，相比綜合收益而言，投資者更為關注傳統的淨收益信息（程小可、龔秀麗，2008），這說明會計準則中的綜合收益概念有待強化。

2.2.4 國內文獻評價

綜合國內文獻可以看出，綜合收益概念已經引入中國，並通過會計準則要求對其進行披露來實現。在 2006 年以前，已經有不少學者對此概念進行了研究，較早的且較完整的對綜合收益進行描述是程春暉博士（2000）。此後不少學者逐漸開展對此問題的思考，主要集中在損益表國際化變遷的歷史總結、對所有者權益變動表改革的研究和利潤結構質量分析體系的構建等定性研究方面。近段時間具有代表性的是周萍博士（2007）的企業收益呈報問題研究，她較為詳細、定性地探討了綜合收益的內容並設計了綜合收益報告的呈報方式，和其他學者一樣，她也認為將收益的概念向經濟收益概念迴歸是必然的，這樣不僅能向使用者提供更為有用的信息，還能同時抑制公司進行盈餘操縱。

一些學者認為綜合收益表混淆了淨收益和其他綜合收益的主次概念，會對投資者產生誤導。對此筆者認為，綜合收益表體現的淨收益和其他綜合收益不能簡單地區分主次，不能簡單地說兩者誰更重要，而是要根據具體情況進行分析。且兩個概念如果適當引導和介紹，相信能對投資者的決策提供更加有用的信息。且用股東權益變動表代替綜合收益表，是對綜合收益概念的一種淡化，對於公司來說，可以避免其他綜合收益對淨收益的結果產生影響。如兩者一負一正，相抵為負；或者兩者同向，相鄰年份的綜合收益可能相差較大等。

同時，對綜合收益的決策有用性的實證研究集中於收益信息增量的探討，或單項收益內容對股價波動的影響研究。比較具有代表性的是研究會計盈餘價值相關性的袁淳（2005），他就盈餘質量、規模與風險、現金流量對傳統會計盈餘信息的影響設計實證進行了一系列的研究，運用了價格模型和收益模型、

分年度比較可決系數等。研究得出，會計盈餘價值相關性在各年度存在較大差異，但他沒有對收益信息的改革作出相應的思考，也沒有涉及未實現收益的研究。目前，還未發現國內有學者對綜合收益如實反應進行研究，這和計量工具公允價值還未被普及使用有關，也鮮有學者對企業的財務報告持續總結、研究和從實證分析的角度，運用數字依據來構造設計綜合收益報告。

因此，本書將參考國外研究者對綜合收益信息的實證研究模型與結論，針對中國資本市場和上市公司財務報告進行研究，特別是對未實現收益的相關性進行剖析，研究新會計準則出抬後，收益內容的擴充對股價超額收益是否會有影響，判斷其是否帶來了信息增量以及相關性程度，探討中國綜合收益呈報模式，為國際會計準則趨同和企業業績報告的改進作出貢獻。同時，本書還將對中國綜合收益的呈報方式從列示內容和列示位置的角度進行分析，以期規範綜合收益信息的應用，改善中國綜合收益信息的呈報方式。

3　綜合收益的相關理論概述

《詩經·瞻仰》：「如賈三倍，君子是識。」《易·說卦》：「為近利，市三倍。」這裡說的是貿易利潤。《周禮·地官·泉府》：「凡民之貸者，與有司辨而受之，以國服為之息。」這裡說的是借貸利息。可見，商、周已經有了「盈虧」概念。公元前18世紀，古巴比倫頒布的《漢謨拉比法典》（約公元前1792—1750年）第89條規定了借貸利息：谷為33.33%，銀為20%[①]。其第99條規定：「尚自由民以銀與自由民合夥，則彼等應在神前均分其利潤。」合夥經商，利潤分配是必然的，以法律規定，當能全國流行。收益、利潤、損益，各國稱呼不一，但都反應了企業在一定會計期間的財務成果。收益的披露方式，特別是現代財務報表的形式主要是以19世紀英國的經驗為基礎而確立起來的[②]。損益表經歷了數次改革，詳見圖3-1。

---

① 法學教材編輯部《外國法制史》編寫組. 外國法制史資料選編（上冊）[M]. 北京：北京大學出版社，1982.

② 1494年被稱為會計學術史上的新紀元，義大利數學家、會計學家盧卡·帕喬利在威尼斯就出版了他潛心30年撰述的名著《數學大全》（即《算數、幾何、比及比例概要》），實質上已為「資產負債表」勾畫了輪廓。給財務報表奠定基石，但未提到包括損益表在內的財務報表的編製。直至1844年英國的《股份公司註冊法》要求公司影響股東公布審計後的資產負債表。1856年的《公司法》又規定了資產負債表的標準格式。

15世紀	16世紀	17世紀	18—19世紀
巴塞羅那損益表	德國損益計算	荷蘭損益證明表	損益計算書
計算表	餘額帳戶	基本狀況表	傳統資產負債表

圖 3-1　損益表發展圖

在長期演進的基礎上，世界流行的利潤表基本格式有兩種：一種是流行於中國、美國和日本的費用功能法利潤表或稱銷售成本法利潤表；另一種是流行於歐洲國家的費用性質法利潤表或稱支出性質法利潤表、總成本法利潤表。當會計收益向經濟收益迴歸，綜合收益概念提出後，利潤的呈報方式又面臨著一次改革，本章將通過對綜合收益信息及現有呈報載體的研究，加入相關性的分析，為綜合收益內容的確定與報告的設計奠定理論基礎。

3.1　綜合收益的基本理論

3.1.1　綜合收益的概念

美國 FASB 於 1980 年 12 月最早提出綜合收益（Comprehensive Income）概念，它以資產負債觀為基礎，將這個不同於傳統「收益」概念的新概念定義為「企業在報告期內，由企業同所有者以外的交易及其他事項與情況所產生的淨資產的變動。」

3.1.1.1　收益的「實現」

現代會計中使用的「實現」（Settlement）一詞在很大程度

上受制於法律條文規定，其確認規則源於稅法的判例①，因為當時確認要求該經濟業務要可靠計量，因此採用收益實現規則（即配比原則）、否認資產估價確定收益的方法，使得人們普遍認為收益確定是一個相關成本與收入配比的過程。通常當現金或現金等價物的轉換發生或得到合理保證時即認為收入實現，與此相應形成一系列既易標準化又可向投資者和一般公眾解釋的會計程序。

隨著經濟發展需要、物價水平波動和計量手段的豐富，以現金實現（Cash Settlement）確認收益的會計實務被發現缺乏理論指導，正如坎寧在1929年指出的：「難以想像，經常對收益進行統計處理的會計專家，卻沒有提及他們刻意計量的收益的性質。」報表使用者對信息的可靠相關提出了更高的要求，收益性質的計量變得越來越重要，會計人員認識到銷售時點實現規則並不真正是一項會計原則，而是一項統計法則，它的價值取決於其是否符合客觀環境，如發生通貨膨脹時，按歷史成本計量的收益的概念被引發質疑。20世紀50年代以後，會計理論家嘗試將經濟學的收益概念引入會計學，希望完善會計理論基礎，他們希望會計計量能解決通貨膨脹、持產利得、商譽提高及其他價值變動所產生的影響，並主張「一個人當其資產價值增加時而非其把資產出售時變得更富裕」。

此後，會計師們就一直試圖建立一種既與經濟理論相符又具有客觀性和程序上的統一性的收益理論（黨紅，2003）。例如，斯勞普斯和穆尼茨在1954年提出將收益劃分為經營收益、持產利得和價格水平變動的影響等類別，通過分離資產價值變

---

① 如銷售和應收帳款的存在即證明收入的實現就是美國1913年的稅務案件判決。而美國註冊會計師協會與證券交易所的特別合作委員會於1932年第一次權威性地使用「實現」一詞。

動來提高財務報表的可比性和可分析性。1957年美國會計學會概念和標準委員會將「實現」定義為「保證資產或負債在報表中的變動具有足夠的確定性和客觀性」，提出應在報表中反應持產利得以反應價值變化，並於1964年發表了一份修正公告要求在會計帳簿中運用可靠計量，檢驗並記錄資產價值的變動。20世紀70年代中期，美國財務會計準則委員會開始進行會計概念結構的研究，其中包括收入、費用、利得、損失等會計報表要素的定義，明確這些要素與淨資產變動的關係。努力至今，向經濟收益概念迴歸的綜合收益已經經過大半個世紀的孕育和發展，概念的實現已經具備一定的基礎。本書將通過對發達國家收益理論的比較研究，探討綜合收益的相關性，期望對綜合收益的構成與披露搭建更為完善的理論和實務基礎。

3.1.1.2 美國的綜合收益概念

1973年12月，美國財務會計準則公告公布第130號：報告綜合收益中，最早對其定義為「一個企業在一段時期內由於交易、其他事項以及來自除股東外的事項所引起的所有者權益的變動。除了所有者投資和對所有者分配引起的所有者權益的變動之外，在某一會計期間內全部的所有者權益變動都應包括在綜合收益中，包括已實現和未實現的業主權益（淨資產）的變動」[1]。

綜合收益概念代表了客觀經濟環境和使用者需求變化的必然要求，體現了會計理論和實務的發展方向，是對某一企業主體的交易及其他事項施加影響的總體反應，即從所有者出資到

---

[1] 在1980年，美國財務會計準則委員會在原第3號財務會計概念公告（SFAC No.3，後被SEAC No.6所取代，但綜合收益概念沒有改變）《企業財務報表要素》中就提出了盈利和綜合收益兩個不同概念，並定義了10個會計基本要素（資產、負債、產權、業主投資、派給業主款、綜合收益、收入、費用、利得、損失）。

對所有者分配這一過程變動之外的交易及其他事項以及狀況中形成的一個會計期間的企業股權的變動額，傳統概念盈利（Earnings）變成綜合收益的一個組成部分①。綜合收益的來源構成為：

（1）淨收益＝盈利＋會計原則變更的累計影響。

其中，淨收益只包括已實現或可實現的收益。

（2）綜合收益＝淨收益＋其他綜合收益。

其中，綜合收益既包括已實現的，也包括未實現的收益。

綜合收益＝（收入－費用）＋（利得－損失）

某一期間的綜合收益＋該期內的業主投資－該期內的派給業主款＝期末淨資產－期初淨資產＝產權（所有者權益）在某一期間的全部變動。

3.1.1.3　英國的綜合收益概念

英國會計準則委員會（ASB）將利得定義為除了業主投入以外的所有者權益的增加，損失定義為除了派給業主款以外的所有者權益的減少。利得和損失包括正常經營活動所產生的利得、損失和其他利得、損失。IFRS No.3 主張以現行價值為基礎報告利得與損失，反應的是當期產生的而不只是當期實現的財務業績，而且以現行價值為基礎可以區分當期經營活動產生的損益與持有資產產生的利得和損失，便於使用者進行分析。

3.1.1.4　國際會計準則委員會定義的綜合收益概念

國際會計準則第 1 號《財務報表的列報》第 86 段在設計權

---

① 在美國會計實務中，盈利（earnings）和淨收益（net income）是使用較為廣泛的兩個詞。目前，會計原則變更的累計影響計入淨收益，但不計入盈利，除了在這一方面盈利和淨收益存在差別以外，在美國現行會計實務中，對盈利和淨收益的描述基本相同。FASB 第五號財務會計概念公告中，對綜合收益和會計利潤的關係作了如下補充：（收入－費用）＋（利得－損失）＝盈利；盈利－累計會計調整＋其他非業主權益變動＝綜合收益。

益變動表時規定:「作為一套財務報表的單獨組成部分,企業應提供反應下列內容的報表:(1)反應當期淨損益;(2)按其他國際會計準則要求直接計入權益中的每項收益和費用、利得或損失項目,以及這些項目的總額;……」

第88段還規定:「由於在評估兩個資產負債表日之間的企業財務狀況時考慮所有的利得和損失是重要的,本準則要求企業提供單獨的財務報表,以著重反應企業的總收益,包括在權益中直接確認的那些利得和損失。」從此規定可以看出國際會計準則和美國、英國等國對綜合收益概念本質是一致的,只是表述上不同。如IAS在概念框架方面仍將收益和費用列作會計要素,並分別包含利得和損失,這與英國的廣義利得和損失概念是不同的。

3.1.1.5 中國的綜合收益概念

中國在2009年明確提出綜合收益的概念,在2006年企業會計準則中為利潤下的定義體現了綜合收益的思想:利潤是指企業在一定會計期間的經營成果。通常情況下,如果企業實現了利潤,表明企業的所有者權益將增加,業績得到了提升;反之,如果企業發生了虧損(即利潤為負數),表明企業的所有者權益將減少,業績下滑了。利潤往往是評價企業管理層業績的一項重要指標,也是投資者等財務報告使用者進行決策時的重要參考。[①]

(1)利潤來源構成。利潤包括收入減去費用後的淨額、直接計入當期利潤的利得和損失等。其中,收入減去費用後的淨額反應的是企業日常活動的經營業績,直接計入當期利潤的利得和損失反應的是企業非日常活動的業績。直接計入當期利潤

---

① 財政部會計司編寫組.企業會計準則講解2006[M].北京:人民出版社,2006.

的利得和損失，是指應當計入當期損益、最終會引起所有者權益發生增減變動的、與所有者投入資本或者向所有者分配利潤無關的利得或者損失。企業應當嚴格區分收入和利得、費用和損失之間的區別，以更加全面地反應企業的經營業績。

（2）利潤的確認條件。利潤反應的是收入減去費用、利得減去損失後的淨額概念，因此，利潤的確認主要依賴於收入和費用以及利得和損失的確認，其金額的確定也主要取決於收入、費用、利得、損失金額的計量。

3.1.2 綜合收益的特徵

結合各會計準則制定組織對綜合收益概念的定義，並與傳統會計收益概念相比，綜合收益具有如下四個特徵。

3.1.2.1 綜合收益的定義採用「資產負債觀」

綜合收益的定義是本期末所有者權益和上期末所有者權益相減後的結果，而期末所有者權益是資產和負債的差量，因此正確地計價資產和負債是收益確定的前提條件。FASB 對綜合收益的定義宣告其更偏好於「資產負債觀」。人們注意到根據資產負債定義的收入、費用、損益，收入被定義為「在運送或者生產商品、提供勞務或者構成會計主體的主要持續經營或者業務過程中，會計主體資產的流入或增加，或者負債的減少（或者兩者兼而有之）」。其計算方法就是要通過對資源的計量，即企業在投入資本得到保持的前提下，實現企業某一期間內資源增加的淨額。

相反，早在 25 年前，國際會計師公會（AIA）的《會計術語公報第 2 號》中提出的收入定義就反應了傳統的「收入費用觀」，而沒有援引資產或者負債。這個定義是：「商品銷售和提供勞務引起的收入通過對顧客、客戶或者提供商品或勞務的出租人的收費衡量。」

FASB 在 1979 年 12 月 28 日發布的徵求意見稿中公布了新術

語「綜合收益」，以描述「會計主體從非所有者中獲得的在某段交易或者其他活動和環境期間的權益（淨資產）變化」。（Para. 56）在財務資本保全和實物資本保全之間選擇的背景下，FASB將決策推遲到下一個公告，綜合收益被視為「財務資本的回報」（Para. 58）。綜合收益將因此包含未實現的持有收益，如果他們被調整為可實現的應計項。

3.1.2.2 綜合收益的確認明確了「價值創造觀」

所有者權益的變動是由兩個部分引起的，一個部分是由於價值創造而導致的企業權益的變動，另一個部分是「某一期間業主投資和派給業主款」的價值分配，如資本投入和股利分派。綜合收益將價值分配導致的權益變動排除在外，避免業主權益概念中混淆了價值創造項目與價值分配項目。

3.1.2.3 綜合收益採用「現行價值」作為主要計量屬性

由於綜合收益是由收入、費用、利得、損失等組成，與收入、利得相應的資產負債是採用現行價值（公允價值）計量，而與費用、損失相應的資產耗費或價值的變動既可採用歷史成本也可採用現行價值計量，因此，綜合收益的計量屬性是混合屬性。近年來，在迅速變化發展的經濟挑戰下，特別是在知識經濟時代，為了提高會計信息的相關性，後續計量日趨增加，而後續計量必然要求採用現行價值（或公允價值）。

3.1.2.4 綜合收益的披露具有「完整性」

綜合收益是綜合反應各種交易、事項等對一個主體收益產生影響的總括指標，除去一些無法可靠計量的資產和負債，如人力資本等。相對於淨收益概念，它涵蓋了更多的內容，包括了報告期內導致的主體權益的變化的所有交易或事項。根據FASB提出的綜合收益概念，綜合收益等於淨收益加上其他綜合收益，因此，綜合收益不僅包括現行會計實務中確認的淨收益，

還應包括在各個會計期間內的其他非業主交易引起的權益變動，如持有資產價值變動、未實現匯兌損益、衍生金融工具持有損益等。

1997年6月FASB頒布的第130號財務會計準則《報告綜合收益》的綜合收益具體包括以下內容：企業與其業主之外的其他主體之間的交易和其他轉讓產生的權益變動；企業的生產作業產生的權益變動；物價變動、偶發事件（如地震、火災等災害）以及企業與其周圍經濟、法律、社會、政治和物質環境交互作用的其他結果，企業在報告期內產生的權益變動披露得更為完整。

3.1.3 綜合收益的組成內容

AAA《概念公告第3號——企業財務報告的要素》發布於1980年12月，也就是《概念公告第2號》發布後的7個月。它提出了資產、負債、權益、所有者投資和對所有者的分配以及綜合收益及其組成部分（收入、費用、利得和損失），這些都是財務報告的要素。

3.1.3.1 淨收益

1997年6月，FASB將綜合收益分為淨收益和其他綜合收益兩大類。淨收益一般包括持續經營所取得的收益、非持續經營所取得的收益、非經常性項目收益以及會計原則變更的累計影響。SFAS No.130對於淨收益的分類法以及對報告經營成果的其他要求並未做出任何改動。ASB於1992年10月發布的FRS No.3要求淨收益要在損益表中進行披露，損益表應由突出企業財務業績的最重要的數據組成，具體包括七項內容：持續經營活動的成果；非持續經營活動的成果；出售或中止一項經營活動的利潤或損失、重組或重建成本、固定資產處置利潤或損失；

非常項目；特殊項目；稅收；每股收益。IASB 在 1997 年 8 月發布修訂後的 IAS1《財務報表的列報中》將淨收益披露的內容定義為已確認和已實現的業績項目。

中國的淨收益（淨利潤）是通過利潤表體現的，它可以反應企業一定會計期間收入實現（費用耗費）的情況，如實現（耗費）的營業收入（營業成本、稅金及附加、銷售費用、管理費用、財務費用）、投資收益、營業外收入（營業外支出）的金額；可以反應企業生產經營活動的成功，即淨利潤的實現情況，據以判斷資本保值增值等情況，分析淨利潤的質量及其風險，有助於使用者預測淨利潤的持續性，從而做出正確的決策。

3.1.3.2 其他綜合收益

按照 FASB 在第 130 號財務會計準則公告《報告綜合收益》（SFAS No. 130）和第 133 號財務會計準則公告《衍生工具和套期保值活動會計》（FAS No. 133）列舉的其他綜合收益項目包括：外幣折算調整項目、可供銷售證券上的未實現利得或損失、最低養老保險金負債調整、金融衍生產品未實現的利得或損失。這些項目共同點在於都是未實現的，突破了原有的實現原則。ASB 堅持「計入當期全部損益」的觀點，是從淨損益或利潤開始，將業主權益部分確認的未實現利得（損失），如未實現的資產重估價盈餘（損失）[1]、未實現的交易中投資利得（損失）、外幣淨投資上按現行匯率折算的差額等原來按照會計準則或有關法律的規定應予確認但必須繞過損益表列入準備的未實現利得和損失，在全部已確認利得和損失表（Statement of Total Recognized Gains and Losses）中反應，基本上相當於 FASB 定義的綜

---

[1] 相對於 FASB，ASB 專門把「財產重估未實現利得」作為綜合收益的一個組成項目。這主要是由於英國長期以來一直存在不動產評估的實務，可以說這種特定的實務影響了英國業績報告的改革。

合收益。IASB規定的其他綜合收益需要列報那些按照有關國際會計準則可以確認但繞過了收益表直接計入權益的每項收益、費用及其總額，即已確認但是沒有實現的業績項目，主要也有三項內容：財產重估價盈餘或虧損、可供出售投資估價利得或損失和國外主體財務報表折算差額。

（1）資產重估盈餘或損失。資產的主要特徵之一是它必須能夠為企業帶來經濟利益的流入，如果停止帶來利益流入或者帶來的經濟利益不同於其帳面價值，那麼該資產就不能再予確認，或者不能再以原帳面價值予以確認；否則將不符合資產的定義，也無法反應其實際價值，甚至導致企業資產和利潤的虛增。因此，在一定時間間隔下，資產需要重新進行估價，以確定其實際價值。FASB的《財務會計準則公告第121號》①處理了一個在20世紀80年代備受關注的問題：一些公司被認為誇大了其因減值而減記的金額，以籌劃未來的漂亮業績，增強相關性。市場忽略了這種情況下的巨大減記金額，而僅僅對公司的前景感興趣，從而令這些公司從這種策略中受益。這項準則為減值提供了一系列的決策規則，包括減值資產公允價值，或在缺乏公允價值的情況下，未來預期現金流量的現值使用，同時代表了在公允價值會計方向上邁出的又一步。

中國《企業會計準則第8號》對資產減值有明確的規定：認定資產組，確定折現率，考慮資產未來現金流量來計量資產可回收金額；並且在利潤表裡披露了「資產減值損失」，在報表

---

① FASB以5票對2票發布了《財務會計準則公告第121號》，要求公司確認資產的減值損失，但同時禁止公司提取旨在人為地提高未來報告收益的超額減值準備（巨額衝銷支出）。《財務會計準則公告第121號》（2001年被《財務會計準則公告第144號》取代）為公司記錄減值的減記金額建立了一些規範，當時其他國家都沒有這方面的先例。

附註裡披露了壞帳損失、存貨跌價損失、可供出售金融資產減值損失等14項內容。

（2）可供出售投資估價利得或損失。FASB的《財務會計準則公告第115號》（SFAS No. 115）[①]將企業在債券和權益證券上的投資分為三類：準備在短期內銷售的「交易性證券」，到期日固定、回收金額固定或可確定的「持有至到期證券」，以及公允價值能夠可靠計量的「可供出售證券」；並且要求交易性證券和可供出售證券在資產負債表中以公允價值反應，但僅「可供出售證券」的未實現利得和損失將被歸集在股東權益裡而不計入收益。

此外，根據SFAS No. 130，原作為所有者權益項目單獨列示的以下項目也作為其綜合收益項目進行報告：債務證券從持有至到期類轉換為可供出售類時，由於改按公允價值計量而形成的未實現持有利得或損失；前期已經確認價值減損的可供出售證券的公允價值在以後出現的回升；前期已經確認價值減損的可供出售證券的公允價值在以後出現暫時性下降。

中國《企業會計準則第37號》金融工具列報中規定了可供出售金融資產和負債的定義、確認與計量，並將可供出售金融資產公允價值變動淨額在所有者權益變動表中披露，從2009年起，計入其他綜合收益，列示在附註中。

[①] FASB以5票對2票發布了關於某些權益性與債務性證券投資會計處理的《財務會計準則公告第115號》。SEC強烈支持公允價值會計，要求在收益確認全部利得和損失，但銀行業嘩然一片，因為這將導致各年之間收益的波動，還很有可能對銀根松緊和國家的銀行部門的外在財務穩定性造成影響。於是，FASB被迫採取政治上的折衷：區分「交易性證券」和「可供出售的證券」。

（3）外幣折算調整項目。FASB 規定的外幣折算調整項目包括兩項①：一是外幣交易業務折算；二是外幣財務報表折算，即將以外幣為功能貨幣的國外主體（公司）的財務報表折算為母公司的報告貨幣時產生的折算利得或損失。為避免公司對會計裡的或有損失所進行的套期活動帶來的不利經濟影響，同時也是向不願意誇大其收益不穩定的公司的壓力妥協，FASB 決定在相關交易最終完成前不將折算調整數計入淨收益，而是置於資產負債表中的股東權益部分。而一般外幣業務因匯率變動而產生且實現的利得或損失應包括在當期淨收益中，未實現的外幣折算調整項目，包括外幣財務報表折算調整、對外經營的淨投資套期保值的折算調整以及公司間長期外幣業務的折算調整②，作為資產負債表的所有者權益部分，即其他綜合收益列示與反應。

中國《企業會計準則第 19 號》外幣折算規定了匯率的確認與外幣各項目匯兌差額的處理。其中，匯兌差額歸入「財務費用」在利潤表及報告附註中披露，外幣報表折算的差額歸入股東權益變動表中披露，也有企業歸入資產負債表權益類披露總金額，從 2009 年起，計入其他綜合收益，列示在附註中。

（4）最低退休金負債調整。FASB 第 87 號財務會計準則公

---

① 1975 年，以 6 票對 1 票，FASB 發布了關於外幣折算會計處理的《財務會計準則公告第 8 號》，要求在收益中反應折算利得和損失。1981 年 FASB 在產業界向其施加壓力時期以 4 票對 3 票通過《財務會計準則公告第 52 號》修訂該準則。持反對意見者在所有爭議中最不能接受的就是創造了直接增加或減少股東權益的方法，對 FASB 將利得和損失歸入所有者權益的做法普遍不滿，從而導致了「綜合收益」議題的出現。該議題在概念框架中得到了考慮，並隨後在 1997 年以準則形式得以貫徹。

② 一是對國外經營的淨投資項目進行套期保值的外匯遠期合同，編報表產生的利得或損失應作為當期的折算調整數，計入資產負債表中所有權益部分；二是在公司間長期外幣業務中，當雙方是進行合併、聯合或者採權益法進行會計核算時，公司長期投資所產生的利得或損失，也應作為當期折算調整數。

告《雇主退休金會計》① 規定企業必須在資產負債表中確認一項最低退休金負債，即累計給付義務超過退休基金資產公允價值的部分。其中，累計給付義務代表企業中止退休金劃所應承擔的給付義務，並將「退休金給付」在職工服務間分攤。如果已確認的「應計退休金負債」，即退休金淨額與給付的現金數的差額小於最低退休金負債，或者已經確認「預付退休金」資產，或者既沒有確認「應計退休金負債」也沒有確認「預付退休金」資產，那麼企業就必須補列最低退休金負債。如果補列的最低退休金負債超過未確認的前期服務成本，那麼其差額就應借記「未實現退休金成本」，作為所有者權益的減項。因此，在每一會計期間重新確認補列的最低退休金負債時，就有必要相應地調整無形資產或所有者權益。根據 SFAS No. 130，補列的最低退休金負債超過未確認的前期服務成本的部分（即未實現退休金成本）應作為其他綜合收益項目報告，不再作為資產負債表所有者權益組成部分。

---

① 1985 年，FASB 以 4 票對 3 票通過了關於雇主對退休金計劃進行會計處理的《財務會計準則公告第 87 號》，該公告是在對大規模和複雜退休金計劃進行了歷時 11 年研究的基礎上而形成的，涉及 3 份討論備忘錄、6 份徵求意見稿、4 次公開聽證會以及 6 想準則。雖然該準則代表了對退休金會計實務的改進，但由於存在大量「平滑」規則和推遲採用期，公司退休金計劃會計影響被極大地低估了。此外，該準則出抬與股票和證券市場的景氣時期。產業界成功地遊說了 FASB，抑制了有市場價值波動帶來的公司盈餘波動的影響。對汽車、鋼鐵行業很關鍵，要求不要加劇盈餘的波動性。1990 年，FASB 一致通過並發布了關於退休後醫療保健成本會計處理的《財務會計準則公告第 106 號》。該準則遭到產業界的強烈反對，他們不想把在退休雇員的醫療保健起內，以負債的形式來反應其已經為雇員醫療保健承擔的合同性承諾。通用汽車公司確認了首次費用和 208 億美元的負債，占以前年度期末所有者權益的 77%。克萊斯勒、福特、AT&T 以及 IBM 公司的所有者權益餘額也受到新確認的負債的嚴重衝擊。許多人把《財務會計準則公告第 106 號》看作 FASB 有史以來發布的最好準則，因為它迫使公司承認了給予雇員的醫療保健福利的未來義務的真實成本。這形成了一句格言，「要管理，先計量（you manage what you measure）」。

西方國家多採用「確定利益養老金」（Defined Benefit Plans）的計算方法。中國採用的是「定額繳納養老金」（Defined Contribution Plans），其計算相對簡單得多，並按照中國《企業會計準則第9號》職工薪酬的規定計入「應付職工薪酬」和銷售費用、管理費用中，不在其他綜合收益中列示。

（5）現金流量套期的利得或損失。

1998年6月FASB發布的SFAS No. 133《衍生工具和套期保值活動的會計處理》又增加了現金流量套期（Cash Flow Hedge）的衍生工具上的利得或損失為其他綜合收益的一類。其將衍生金融工具分為非套期和套期工具兩類，均按公允價值計量。前者所產生的利得或損失確認在當期收益中，後者中屬於公允價值套期和對外幣固定承諾和可供出售證券進行套期的衍生工具的利得或損失直接計入當期損益，而現金流量套匯、對外匯現金流量套期和對為國外經營的淨投資進行套期的衍生工具公允價值產生的利得或損失作為其他綜合收益報告，並在預期交易實際發生期間轉入該期淨收益中。中國《企業會計準則第37號》金融工具列報規定現金流量套期中，有效套期工具的公允價值變動列入其他資本公積，沒有在所有者權益變動表中要求單獨列示，從2009年起，計入其他綜合收益，列示在附註中。

中國是在所有者權益變動表中，將「直接計入所有者權益的利得和損失」視為其他綜合收益，主要包括「可供出售金融資產公允價值變動淨額」「權益法下被投資單位其他所有者權益變動的影響」與「計入所有者權益項目相關的所得稅影響」，反應企業當年直接計入所有者權益的利得和損失，從2009年起，加上外幣報表折算和現金流量套期工具產生的利得計入「其他綜合收益」列示在利潤表上，並將各個明細項披露在附註中。

相比西方國家的規定，可以預期，隨著經濟條件的變化，原有其他綜合收益項目還會被測試和重新確定，也可能還會出

現其他的綜合收益項目。計入「其他綜合收益」的未實現利得或損失若在當期實現，是否轉入淨利潤（或虧損）中「重分類調整」，中國沒有做出明確規定，但從其定義上可理解為類似美國的做法，即當以前計入業主權益的未實現利得在本期實現時，作為「重分類調整」項從綜合收益中扣除，並將其轉出計入損益表。而英國的做法則是不轉入損益表而僅在業主權益中重分類，因此其損益表只反應當期產生當期實現的收入。

3.2 綜合收益的信息載體——綜合收益報告

由於實現規則的客觀性以及理想實務本身的困難重重，會計界長久以來的努力都是在尋求一些可行的折衷做法——既不想拋棄收益實現規則，又能夠反應價值變動（黨紅，2003）。英國的全部以確認利得和損失表和美國的綜合收益表均是這種折衷的結果。IASB業績報告項目的終極理想目標是放棄折衷，全面而透明地反應企業經濟活動情況，消除通過攤銷、準備等手段操縱報告收益的機會。

3.2.1 綜合收益報告的方式

雖然綜合收益的思想已經得到世界各國的認同並積極實施，但各國詮釋綜合收益報告的形式還存在著差異，其規範方式和披露方式各不相同。在規範方式上，以英美兩國為代表，以採取制定報告財務業績或報告綜合收益準則的形式，而IASB則採用制定財務報表的列報準則的形式。中國在規範綜合收益的方式上，沒有採用英國和美國的方式，而是採用IASB的方式，通過制定財務報表列報準則規範綜合收益報告（如表3-1所示）。這反應了中國企業會計準則與國際財務報告準則的進一步趨同。

在披露綜合收益的方式而言，主要存在三種不同的做法：第一種是將上述兩張報表合而為一，只編製一張表，同時含有收益與其他綜合收益，稱為「擴展收益表法」；第二種是在編製損益表的基礎上，另外增加一張綜合收益表或全部已確認利得和損失表，稱為「綜合收益表法」；第三種是不改變傳統的損益表，另外增加一張權益變動表，稱為「權益變動表法」。

表 3-1　　各國呈報綜合收益採用格式一覽表

	英國（ASB）	美國（FASB）	國際（IASC）	澳大利亞（AASB）	中國
擴展收益表法		○			√
綜合收益表法	√	○	○	√	
權益變動表法		√	√		√

其中：√表示常用，○表示可選用。

3.2.1.1　擴展收益表法

擴展收益表法也稱一表法、單一表格式或修正後的單一報表法。其將傳統損益表和綜合收益表合二為一，形成一張新的收益與綜合收益表用以共同反應企業的財務業績，披露綜合收益信息。表的上半部分詳細列示淨收益及其組成部分，下半部分列示其他綜合收益及其組成部分，兩部分之和為綜合收益金額。擴展收益表向使用者直觀展示傳統的會計收益信息，同時補充企業的全部業績，增加其他綜合收益的透明度；「合二為一」的報告方式方便讀者獲取並分析信息，提高報表的可理解性和公司間業績信息的可比性。但是，把淨收益列為綜合收益的小計部分，相比人們對收益傳統認知，可能會造成對兩者概念的模糊與重要性的混淆。

3.2.1.2　綜合收益表法

綜合收益表法也稱兩表法、雙表格式或雙報表法。即在傳

統損益表的基礎上，另外增加一張反應企業綜合收益的業績表，編製全部已確認利得和損失。增加的報表以傳統的損益表的結果淨收益為起點，通過一系列的調整，最後得出企業本期的綜合收益總額，類似現金流量表間接法的編製方法。此方法是將擴展收益表法下一張報表剖開成兩張報表，旨在反應綜合收益表的各組成部分與傳統損益表的組成部分具有同等重要的地位。此方法改變了對企業的財務業績僅由單一的損益表反應的傳統認知，保留了原有的損益表來反應企業最基本、最重要的財務業績信息，側重反應報告主體在一個期間內賺取的收入和付出的代價，而那些應予確認但必須繞過損益表直接列入資產負債表的利得和損失則在全部已確認利得和損失表中反應，彌補利潤表遺漏的某些已確認的有關財務業績的有用信息，兩表共同反應企業在某一時期的經營業績，更好地幫助報表使用者進行決策。但是，由於綜合收益表法同時向使用者提供淨收益和綜合收益兩種不同的業績報表，並且都作為主表，可能導致使用者的迷惑，不知哪項數據、哪個報表信息對決策更有用，從而導致決策的兩難。

3.2.1.3 權益變動表法

權益變動表法是在反應企業一定時期權益變動情況的權益變動表中，通過累計的其他綜合收益項目披露綜合收益有關情況。保持傳統的損益表不變，增加一張股東權益變動表來披露其他綜合收益，以不改變原有財務報表的方式降低了報告成本。此種方式減小了報告綜合收益對企業利潤產生的負面影響，易被企業管理層接受與操作。但是，這種披露方式存在的問題在於，權益變動表通常不被認為是反應企業經營成果的報表，在權益變動表中列示綜合收益，不能突出反應綜合收益的收益性質，模糊了其他綜合收益項目的透明度，難以受到信息使用者的重視。

对于综合收益表的报告格式,各国采用了比较灵活的方式。美国和新西兰要求在权益变动表中报告综合收益、组成以及综合收益总额,而国际会计准则委员会则仅要求在权益变动表中报告综合收益及其组成。中国在新会计准则执行初期使用权益变动表法,2009年起向扩展收益表法过渡。

3.2.2 英国综合收益报告的呈报

英国会计准则委员会(ASB)率先推行了业绩报告的改革,财务报告准则第3号(IFRS No.3)《报告财务业绩》提出的财务业绩报告组成内容为其他各国会计准则制定机构和IASC起到了很好的示范作用。它要求企业分别通过损益表以及全部已确认利得与损失表来报告企业的财务业绩,并对这两种报表做出了相应的规范。

1991年6月,由英国和苏格兰两个特许会计师协会的研究组联合发表了一份题为《财务报告的未来模式》的报告,重点突出了在传统损益表之外增加一个「利得表」(Gains Statement)以全面反应企业的全部业绩。其主要特点是按资产负债观来定义利润,且用现行价值为基础计量净资产的变动。1992年10月,ASB发布的FRS No.3,要求企业在编制反应已实现的全部损益,包括非常项目,并列示投资者最关心的每股收益的第一业绩报告——损益表的同时,编制第二业绩报告全部已确认利得和损失表作为前者的重要补充,即在编制损益表的基础上,另外增加一张综合收益表或全部已确认利得和损失表。主要反应绕过损益表直接进入所有者权益、尚未实现的利得和损失,再加上损益表中的净收益以提供企业在某一时期内形成的(并非实现的)比较完整的收益信息,是除损益表之外的、重要的、关于当期全部收益情况的补充报表。

ASB认为传统的损益表反应的是一个企业最基本的业绩信

息，由突出企業財務業績的最重要的數據組成，用於反應已實現的全部損益。但這並不能充分披露報告主體財務業績的重要組成，因為它沒有囊括某些經法律或會計準則特殊允許或要求確認的利得或損失。而全部已確認利得與損失表可以作為補充，由淨損益項目開始，列示按照會計準則或有關規定未計入損益表而是計入準備的未實現利得和損失，最後得出全部已確認的利得和損失。同時，為了避免同一利得或損失項目的重複計算，業績報表只應確認當期產生的利得與損失，前期已經確認的利得或損失在以後實現時不再確認。

1995年，ASB 發表了《財務報告的原則公告》徵求意見稿，將損益表和全部已確認利得與損失表統稱為財務業績報表，以用現行價值為基礎報告的利得和損失代替收入和費用作為其基本要素，劃分經營活動的利得和損失與持有資產和負債所產生的利得和損失。相對於按照實現標準劃分的已實現和未實現收益，這種分類更有助於使用者判斷企業收益的持續能力。

英國首創全部已確認利得與損失表，擴大了利得與損失的概念，淡化了實現的概念，使業績信息更具未來可預測性。其要求增加編報全部已確認利得與損失表，在財務報告發展、乃至會計發展史上具有劃時代的意義。

3.2.3 美國綜合收益報告的呈報

FASB 於 1984 年 12 月的《財務會計概念公告》第 5 號指出：綜合收益的報告應成為一整套財務報表的組成部分。其後在其 1986 年 10 月發布的《報告綜合收益》徵求意見稿並參考英國經驗的基礎上，於 1997 年 6 月正式發布了第 130 號財務會計準則公告（SFAS No. 130）——「報告綜合收益」（Reporting Comprehensive Income）。期望綜合收益提供的信息能幫助投資人、債權人和其他財務報表使用者對企業經濟活動及未來現金

流量的時間和規模進行評估。這一公告對在通用目的財務報表中報告和列示綜合收益確定了規則。SFAS No. 130 的發布主要是針對報表使用者對某些資產和負債的變動繞過收益表而在股東權益變動表中列示的疑惑做出的回答。SFAS No. 130 的目的是要將符合綜合收益定義的所有項目在其被確認的同一期間的主要報表中報告。1998 年，延續財務會計準則委員會原則公告第 1 號的關於財務報告目標決策有用性的觀點，FASB 發布了《衍生金融工具和套期活動的會計處理》準則（SFAS No. 133），要求對衍生金融工具在財務報表中予以確認、計量和報告，並將其未實現淨損益置入其他綜合收益中進行列示。列舉的其他綜合收益項目包括：外幣折算調整項目；可供銷售證券上的未實現利得或損失；最低養老保險金負債調整；金融衍生產品未實現的利得或損失。

雖然 FASB 要求企業要在財務報表中列示綜合收益總額及其組成，但除了規定淨收益應在財務報表中作為綜合收益的一部分列示外，並未具體說明企業對綜合收益總額及其組成應以何種格式列示。FASB 鼓勵報告主體使用擴展收益表法和綜合收益表法列示其他綜合收益的組成和綜合收益總額信息，進一步與概念公告保持一致。他們認為，相比股東權益表法，前兩種方法更符合損益滿計觀。

美國財務會計準則委員會發布 SFAS No. 130 號財務會計準則公告的目的是要將符合綜合收益定義的所有項目在其被確認的同一期間的主要報表中報告，以滿足報表使用者的決策需要。不過該準則同時規定了企業列示其他綜合收益和綜合收益總額可以在上述三種格式中選擇，大多數公司都選擇運用第三種格式，即股東權益變動表，也是財務報表讀者很少注意的一份表。美國公司的實際做法與 FASB 推行前兩種報告格式的原意相背離，FASB 並未達到向使用者提供決策所需有用信息的目的。

3.2.4　IASC 綜合收益報告的呈報

1997 年，國際會計準則委員會發布了修訂後的第一號國際會計準則（IAS No. 1）《財務報表列報》，要求補充編製「已確認利得和損失表」（同英國的全部已確認利得和損失表基本一致）或在業主權益變動表中詳細披露已確認的未實現利得（損失），並提供相應的兩種報告綜合收益的表式：已確認利得和損失表（反應權益的所有變動）、所有者權益變動表（不是由業主資本交易和對業主的分派所引起的權益變動的報表）。IASC 對財務報告中損益的披露的改革經歷了三個階段，如圖 3-2 所示。

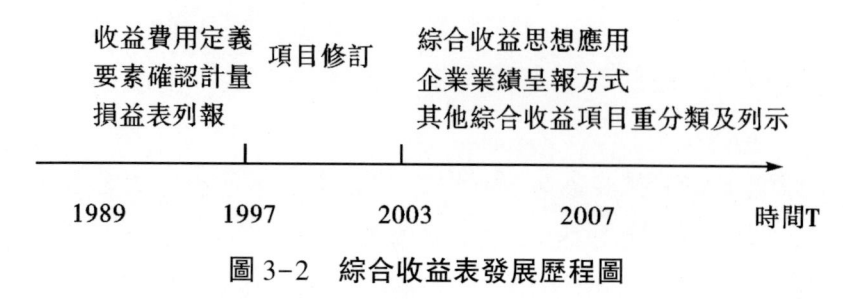

```
收益費用定義              綜合收益思想應用
要素確認計量   項目修訂   企業業績呈報方式
損益表列報              其他綜合收益項目重分類及列示
    |-----------|---------|---------------|------→
   1989       1997      2003           2007       時間T
```

圖 3-2　綜合收益表發展歷程圖

第一個階段是從 1989—1997 年，IASC 將收入定義為會計期間內經營利益的增加，其表現為因資產流入或是負債減少而引起的權益的增加，但不包括與權益參與者出資有關的類似事項。費用是指會計期間內經營利益的減少，表現為因資產流出、消耗或是發生負債引起的權益的減少，不包括與權益參與者分配有關的類似事項。且收入與費用都是由企業正常經營活動產生的，其確認標準為：與該項目有關的未來經濟利益將會流入或流出企業，同時對該項目的價值或成本能夠可靠地加以計量。IASC 在 1997 年 8 月發布並於 1998 年 7 月 1 日生效的 IAS No. 1 中指出，收益表的列報項目包括：收入、經營活動成果、融資成本、權益法核算的聯營企業和合營企業投資的利潤或虧損份額、所得稅費用、正常活動損益、非常項目、少數股東權益、

當期淨損益。此階段，根據企業規模和實際應用，形成了費用性質法和費用功能法的利潤表。此階段，學者們對企業業績的披露強調了損益表的重要性，並對其披露規範性進行了實證研究。

第二階段是 1998—2003 年 IASB 對損益表的修訂。IASC 自 2001 年 4 月改組為國際會計準則理事會（IASB）正式投入運行後，制定了準則立項遠景規劃，業績報告項目是其確定的旨在確保領導地位、促進準則趨同化的四個項目之一，由 IASB 與英國 ASB 合作研究。這一項目主要涉及企業與所有者以外的其他各方之間的交易或事項所引起的資產和負債的變化如何在財務報告中列報的問題。IASB 增加了對歸屬於母公司和少數股東權益損益的劃分及披露，終止了經營業稅後損益和處置其確認的稅後利得和損失；取消了「經營活動成果」和「非常項目」單列項目；規定在收益表或者在收益表附註中作披露：如存貨跌至可變現淨值，不動產、廠場和設備跌至可收回金額的減計金額，以及該減計金額的轉回，企業經營活動的改組，不動產、廠場和設備的處置，投資的處置，非持續經營，訴訟的處理，其他項目的轉回情況等重要項目。此階段對企業業績的披露產生了對「綜合」性質的萌芽，提出了對披露項目的劃分和對「其他綜合」收益項目的分類。

第三階段從 2004 年至今，綜合收益的概念通過 SFAS No. 130 的規定被正式運用起來。IASB 不斷地在實踐和理論研究中交叉分析並制定了在財務報表中列報總計和非總計信息的原則；確定了需要在財務報表中列報的總計項目和小計項目；確定了其他綜合收益項目是否應重分類到當期損益項目內；規定了完全單一報表法（The Pure Single Statement Approach）、修正後的單一報表法和雙報表法三種損益表的呈報方法；研究了綜合收益概括項目，把綜合收益分為當期綜合收益和其他綜合收

益，前者包括當期損益和當期已確認的其他綜合收益，後者包括重估價盈餘的變化、固定養老金受益計劃所產生的精算利得和損失、國外主體財務報表折算所產生的利得和損失、可供出售金融資產再計量所產生的利得和損失、現金流量套期中套期工具的利得和損失的有效部分；探討了其他綜合收益項目相關稅收及重分類調整情況的披露，但至今還未做出具體規定。此階段在明確用綜合收益思想引領損益表的披露下，討論了披露格式與項目，並注重此理論在實務中的應用。

此外，採用不改變傳統的損益表，另外增加一張權益變動表來披露綜合收益的國家較多。如新西蘭的財務會計準則委員會（FRSB）在1994年發布了財務會計準則第2號（FRS No. 2）《財務報告的表述》，要求在財務業績表之外，同時編製一張權益變動表。其中，財務業績表相當於第一業績報表，權益變動表相當於第二業績報表。

1998年1月G4+1[①]小組發布了一份特別報告——《報告財務業績：現行實務與未來發展》。其在《報告財務業績（徵求意見稿）》中就認為，「所有已確認的業績組成項目都必須報告和描述為業績的組成，而不應當與由於所有者投資或向其分派所產生的權益變動一起報告」。該報告及隨後的討論稿得出結論：財務業績應在單一的業績報表中進行報告。該報表包括三個主要組成部分：經營活動成果；融資及其他理財活動成果；其他

---

① G4+1（Goup 4+1）由英美發達國家的會計準則制定機構組成，包括澳大利亞會計準則委員會（AASB）、加拿大會計準則委員會（CASB）、英國會計準則委員會（UKASB）和美國財務會計準則委員會（FASB）。該機構從1993年開始召開定期會議，而IASC（國際會計準則委員會）主席和秘書長以觀察員身分出席會議。1996年，新西蘭財務報告準則委員會（FRSB）加入G4+1。G4+1最初的定位是一個智囊團，專注於進一步挖掘財務報告的可改進之處，而無需理會各自國內煩瑣的日常性會計事務。

利得和損失。同樣，美國財務會計準則委員會鼓勵報告主體採用第一種格式列示綜合收益。布朗（1986）的實證研究得出的結論也認為，信息在權益變動表中列示沒有在業績報表中列示容易引起使用者的注意。總之，「所有的財務業績項目在單一的、擴展的財務業績報表中報告可能比在兩張報表中報告更為合適」。

3.3 會計信息質量特徵——相關性的探究

會計是旨在提高企業和各單位活動的經濟效益，加強經濟管理而建立的一個以提供財務信息為主的經濟信息系統（葛家澍，1983）。信息是經過人們加工，能夠表達某種現象或意識的信號。會計信息是會計概念與信息概念的交集，是一種反應主體價值運動的經濟信息，是對經濟事項的數量說明，是會計管理活動直接結果。質量是表徵實體滿足規定或隱含需要能力的特性的總和（朱蘭，2003）。會計信息質量是指會計及信息滿足信息使用者需求的特徵綜合。在財務會計概念框架中，會計信息質量特徵是聯繫會計目標和實現目標手段之間的橋樑，約束財務報表所提供的信息，使其符合目標的要求。決策有用觀要求信息具備相關性和如實反應，即信息能影響使用者對預期未來的決策，如實反應事實。而受託責任觀則更強調信息的可靠性，以如實反應受託者履行受託責任的情況。

3.3.1 相關性與如實反應的選擇

針對會計目標與會計信息質量特徵之間存在的內在邏輯關係，各國的財務會計概念框架或類似文獻都對會計信息質量特徵進行了闡述。美國財務會計概念框架第 2 號（SFAC No. 2）將

相關性和如實反應（也就是早期使用的「可靠性」）並列為會計信息的首要質量特徵；英國會計準則委員會的「財務會計原則公告」將相關性、如實反應和可理解性同時並列；國際會計準則委員會的「編報財務報表框架」提出，信息質量包括可理解性、相關性、如實反應和可比性。綜觀各國財務會計概念框架對會計信息質量的要求，無一例外都認同決策有用的會計信息應當與決策相關，應當可靠。

會計目標的選擇具有狀態（經濟環境）依存的特徵，它取決於所處的經濟環境，經濟環境的動態性和兼容性決定了會計目標選擇的動態性和單一性。隨著市場經濟體制的逐步完善和資本市場的進一步發展，中國的會計目標將經歷這樣一個動態過程，即從「受託責任觀+決策有用觀」向「決策有用觀+受託責任觀」過渡，最後轉變為決策有用觀。鑒於會計目標與會計信息質量特徵之間存在著內在的邏輯關係，現階段（受託責任觀+決策有用觀）的會計目標選擇決定了「如實反應+相關性」的信息質量特徵選擇。

首先，在真實客觀既定的條件下，如實反應取決於確定性程度，相關性是確認和報告時間相關的會計問題，其本質上是一個時間問題①。會計信息的如實反應和相關性是確定性程度和確認時間的函數，會計事項越早確認，會計信息就越具有相關性，但確定性程度越低；反之，會計事項越遲確認，會計信息就越缺乏相關性，但確定性程度會越高。可以看出，及時性（確認時間）是相關性與如實反應產生矛盾的一個主要方面（ASB1999.10, SP, Par3）。為了滿足及時性，可能會削弱可靠性；強調可驗證性，相關性會受到損失。兩者常常處於博弈的

---

① 夏冬林. 財務會計信息的可靠性及其特徵 [J]. 會計研究，2004（1）: 22-27.

狀態。

其次，如實反應與相關性的權衡受到各國公司治理模式的影響。現有的公司治理模式主要分為兩類：一類是以外部控制（市場主導）為主要特徵的英美公司治理模式，另一類是以內部控制（組織主導）為主要特徵的德日公司治理模式，前者更關注信息相關性，後者則重視信息的如實反應。

在英美公司治理模式下，強調股東利益至上，股東作為最大的信息產權主體，無法有效影響公司的決策，他們主要依靠資本市場上的接管和兼併來控制公司，使得公司外部的利益相關者產生了使財務報告具有決策有用的傾向，「決策價值」成為會計信息相關性的重要體現和利益追求。他們會利用各種方式對會計準則制定機構實施影響，還會發展強大的獨立審計以限制公司報表編製者的會計剩餘控制權，達到對自身有利的會計信息產權博弈均衡點。這樣雖然發展了會計信息的決策相關性，但制約了如實反應質量目標的發展。

德國和日本的公司則更為注重相關者利益，股東們主要通過一個可以信賴的仲介機構或股東中有行使股東權利的人或組織（德國多為大銀行直接持股，日本是公司法人間相互循環持股），通常是一家銀行來代替他們控制與監督公司經理的行為。在這樣的公司治理模式下，股東相對集中、穩定，公司嚴重地依賴金融機構，公司投資者既是股東又是債權人的現象較為普遍。由於資本來源比較集中，所有者隨時可以通過對經營者業績的瞭解採取有效的措施，並要求會計隨時提供經營者履行受託責任情況的信息，反應受託責任成為會計的基本目標，「契約執行」成為會計信息如實反應的價值體現和利益追求，外部利益相關者的決策需求往往不受重視，會計信息質量特徵更為注重會計信息是否被如實反應，即信息的真實性和可驗證性。根據承擔剩餘風險與享有剩餘控制權一致的原則，相關利益者的

確應該分享剩餘控制權。企業作為利益相關者的合約，公司董事會應看作公司有形和無形資產的受託人，其職責是使公司資產的價值得到保護和不斷增長，並使資產在不同相關利益者之間得到均勻分配，即受託人不僅應考慮現有股東利益，而且應平衡現在和將來相關利益者的利益。在這樣的背景下，會計信息質量的如實反應也就成了必然的選擇。

中國公司治理情況不同於英美國家，股權高度集中或國有意味著中小投資者更應受到保護，其利益應為會計信息披露的重要價值導向。雖然在現階段，甚至相當長一段時間，會計信息的如實反應特徵仍是主流問題，但在堅持如實反應①的前提下，若不兼顧決策相關性的需要，將使得會計信息如實反應變得無用和歪曲。近期內，由於計量方法和手段的不完善，中國公司不能對會計信息如實反應，因此在這段時間內，提高會計信息相關性，找到使用者需要的會計信息，分析影響市場變動的會計信息就成為了當務之急。

3.3.2 相關性的涵義

會計是一個信息系統，是辨明、計量、傳遞經濟信息，以便信息使用者做出明智的判斷與決策的過程。投資者、債權人和其他進行類似決策的用戶可以運用會計信息預測過去、現在和將來事項的結局，或者去糾正先前的預期，影響決策。相關性標準在計量資產、負債和交易所得等特徵的運用過程中起到了重要作用。

IASB認為，信息要成為有用的信息，就必須與使用者的決

---

① 對於如實反應的理解，學術界存在兩種解說和三種觀點。兩種解說是指客觀可靠說和法律可靠說；三種觀點是指事實觀、秩序觀和制度觀，本書對此不做深入討論。

策需要相關聯。而供應者提供的會計信息與使用者所作決策的關係，或者會計信息對使用者所作決策的影響程度表現為相關性，它是指會計信息與決策相關，具有改變決策的能力，是體現會計信息使用者需求的屬性，具有改變決策能力的內在特徵。

按照 FASB 的表述，相關性是能夠導致決策差別的（Capable of Making a Difference in Decisions），而按照 IASB 的表述，相關性是導致決策差別的（Make a Difference）。導致差別是指既可增加也可減少信息的差異，以便使用者能降低對經濟事件的不確定性，提高決策的把握性。相比而言，FASB 的表述更可取，一方面，會計信息的相關性是客觀存在的，只是探討其強弱程度的問題；另一方面，會計信息相關性的內涵包括一般相關和特殊相關，一般相關是指會計信息對所有經濟決策和使用者都是有用的，而特殊相關則是針對個別的經濟決策和具體的使用者千差萬別的需求的相關性。

相關信息是指與正在處理中的事項具有某種關聯的信息，信息的這種關聯性表現為三種形式：一是目標相關性（Objective Relevance），指能恰到好處地幫助用戶實現期望的信息；二是理解的相關性（Understand Ability Relevance），指用戶能夠正確把握信息所蘊含的內在涵義；三是決策相關性（Decision Relevance），指有利於信息使用者正確做出決策。

但與決策相關的信息並不一定就具有相關性，還要看其是否具備改變決策的能力，即這一信息對決策而言是否重要或金額是否足夠大。如果是，則這一信息具有相關性；反之，則不具有相關性。所以，相關性中又包含對重要性的判斷。

Shwayde 在溝通理論①的框架下對相關性和重要性均作了進一步區分。分析認為，如果一則消息在技術層面/語義層面/決策層面/結果層面存在相關性差異的話，該消息在技術層面/語義層面/決策層面/結果層面也存在重要性差異。同樣，如果一則消息在語義層面/決策層面/結果層面存在相關性差異的話，該消息在語義層面/決策層面/結果層面也存在重要性差異（如表 3-2 所示），而消息的統計屬性只能從重要性方面進行評估。

表 3-2　不同類型相關性的可行度及其含義豐富程度對比表

標準	可操作性	含義豐富程度
結果相關性	最低	最高
決策相關性	中間	中間
語義相關性	最高	最低

ASOBAT 強調決策相關性，並且認為，相關性是連續的。謝韋德（1986）認為，語義相關性和決策相關性是二進制的，即要麼相關，要麼不相關，而結果相關性是一種連續性的標準。而且，信息的相關性隨著使用者對初始信息的可獲得程度的變化而發生顯著變化。

弗爾斯曼（1968）認為，如果某個信息能改變決策，則它具有相關性。這就需要對決策者和決策本身同時考察其對相關性的需求，看信息變化是否影響了決策。決策者接受信息的數

---

① 溝通理論中，信息通常分為三個層面：第一個層面是技術層面，信息通常以統計屬性的形式出現；第二個層面，信息以對使用者有用的消息的形式進行表述；第三個層面是行為層面，信息以消息影響使用者的行為的形式進行表述。因此，相關性具有三層含義：語義相關性、決策相關性和結果相關性。三個層次的相關性形成一個框架：如果信息不能對使用者的印象產生影響的話，它不可能影響決策；如果信息不能影響使用者決策的話，它不可能影響目標的實現。

量與質量是由決策規則所影響的，只有當其他信息都一定的時候，才能確定特定信息的影響。

　　此外，也可以從事後觀點和事前觀點兩方面解釋相關性。從事後觀點出發，當一個信號改變了決策的時候，可以說該信號是相關的，但是，要成為一條有效的決策標準，相關性必須從事前的觀點進行解釋。由於未來事件不可知，而且信息系統所生產的未來信息也不可知，對信息相關性的解釋也比信息本身更容易獲取，即如果信息系統所生產信息的差別導致決策的不同，信息系統的變化就是相關的。並且，只有在決策者認為信息系統的變化具有相關性時，它才具有價值，其價值的大小還取決於決策者行動的變化，也就是說單條信息的決策相關性可能弱於整體信息，這也要看投資者們對市場的判斷與操作結果來反饋信息的相關性。因為如果它增加了信息，決策者就會認為這一相關變化具有價值，此時會產生三種情況：上述相關變化可能產生正面價值，也可能沒有什麼價值，甚至出現負面價值的情形。因此，相關性討論通常圍繞額外信息的產生來進行，即沒有實現的，大多圍繞著由投資產生的其他綜合收益。如果額外信息相關，在收益大於成本的條件下，哪些能帶來有用預測信息的時間將會形成特定的信號？

3.3.3　相關性的組成要素

　　美國財務會計準則委員會認為，一項信息是否具有相關性，取決於以下三個因素：預測價值（Predictive Value）、反饋價值（Feedback Value）和及時性（Timeliness），也就是要求依據信息使用者能對未來的情況做出合理的判斷，能對過去的情況做出合理的評價。在實際工作中，會計信息與決策相關，影響決策的能力集中體現為兩點（楊世忠，2005）：一是會計信息必須能夠幫助使用者進行預測、決策；二是會計信息能夠驗證或糾正

預期的結果。這兩點一方面反應了組成相關性的兩個重要相近特徵——預測和反饋，即通過增強決策者的預測能力影響預測（預測），通過驗證或糾正決策者先前的期望影響決策（反饋）；另一方面指明了相關性的判別標準，即什麼樣的會計信息才是與決策相關的信息。

3.3.3.1 預測價值

信息使用者希望能從會計信息中獲取提高決策水平所需要的那種發現差別、分析和解釋差別，從而在差別中減少不確定的信息。雖然提供給使用者的會計信息不一定就是真實的未來會計信息，但是未來的會計信息一定與之有著密切的關聯，其關聯程度體現出其相關性的大小。比弗等（1968）指出，預測能力很早就作為一種競爭假設的選擇方法在社會科學與自然科學中被提出。它通常以抽象和邏輯為基礎，往往被定義為能夠產生操作含義（預測）以及該含義能為其後的經驗證據驗證的能力。用統計的語言描述則是，因變量指被預測的時間（股價，投資回報等），自變量是預測的指標（每股盈餘，資產規模等），而預測就是關於因變量受到自變量價值影響後概率分佈的一個描述，用函數表述為：$y=f(x)$，$P(y/x)=f(x)$。

會計信息的作用在於促進決策[①]，不同的會計計量方法產生於不同的競爭環境假設，預測能力也因此用於會計信息價值的檢驗，並作為一個具有明顯目的性的基準，服務於決策。但是，預測能力在決策模型或過程中也僅能提供一個初步的結論，其面臨著潛在的困難：影響決策模型的預測標準等參數構成不易

---

① 佩頓在《會計理論》一書中指出，「會計是一個具有高度目的性的領域，任何假設、原則或程序理應為其是否充分地服務其最終目的進行解釋」。參見：William A Paton. Accounting Theory [M]. New York: The Ronald Press, 1922: 472. 而美國會計學會則進一步明確指出，「在準則的制定過程中，所有的標準都對信息有用」。

確定，經濟含義解釋含混，數據解釋能力持續性較弱，反向論證困難，針對性相對較強，即預測能力對所預測的事項有較強解釋力，但在其他事項上未必具有預測能力，這需要對不同時間和事項進行檢驗。比弗等由此認為，對某種會計計量的偏好僅僅適用於特定的預測目的或預測模型，而且即便是在一個特定情境下，其結論也只能是初步的、暫時的。當然，隨著研究的深入，決策標準與決策之間的距離將會越來越近。FASB 在 SFAC No. 2 中對預測價值的描述要生動得多，FASB 認為，會計信息應具有預測價值，這不意味著它本身就是一種預測。

3.3.3.2 反饋價值

反饋性或信息具有反饋價值（FASB）是相關性必備的一種特性，決策者能夠據以進行不斷的判斷與選擇，通過驗證或糾正決策者先前的期望影響決策。為了協調一致，FASB 與 IASB 的最終趨同框架研究的基本觀點中採用證實價值一詞來表達反饋價值。信息的相關性可以部分地由預測價值來觀測，但預測價值的高低本身也需要未來事項的檢驗。對過去所預測事項的證實或證偽能力就構成了證實價值，當信息具有證實或糾正過去的評估與判斷時，該信息就具有證實價值。

預測價值與證實價值相輔相成，前者需要後者來證明與改進，證實價值將進一步修正人們的預測方式或決策模型，以提高信息的預測價值，並最終提高信息的相關性。

3.3.3.3 及時性

會計信息是通過財務報告來對外傳遞，報告的及時性是充分披露不可或缺的重要因素之一，任何重要的財務進展都應立刻通過中報和其他形式進行對外報告。美國會計學會公司財務報告所依據的會計與報告標準委員會在《公司財務報告的會計與報告標準：1957 年修改版》中就提到：「完整的財務報表應能使投資者至少一年一次方便地獲得，如果可能的話，應在報

告期間結束後立刻讓投資者獲得財務報表。」①

　　由於時間的確認、信息的處理、數據的傳遞都需要花費時間，因此對某一件事情進行觀察，在此基礎上形成信息需要一段時間，而且持續的報告將導致成本上升，並消耗決策者的時間。同時，在決策者要求下，或定期報告規定下，上述數據需要進行一段時間的儲存後才能報告給決策者。這樣就會產生「報告延遲」（Reporting Delay），即時間發生時間點與信號被接受時間點之間的間隔，以及「報告間斷」（Reporting Interval），即相鄰兩個報告之間的時段。並很可能給決策者造成損失，一方面，時間的分佈影響決策所需信息的可獲得性，若信號不為所獲，其面臨的不確定性將大大上升；另一方面，決策者將延遲其決策，直到他獲得了該項信息。尤其是當特定信息對未來決策至關重要時，延遲決策或即時決策都將承擔很高的成本。

　　按照 FASB 的 SFAS No. 2，及時性是附屬於相關性的，其意義是決策者需要在信息失去其決策作用之前就擁有它。及時性是從時間角度對相關性的保證，信息的相關性雖然並不是由及時性決定的，但失去及時性的信息，也就同時失去了相關性。因此，及時的信息對決策所起的作用要比滯後的信息更具相關性。

---

① The Committee on Concepts and Standards Underlying Corporate Financial Statements of American Accoutning Association. Accounting and Reporting Standards for Corporate Financial Statements. Revision. 1957

4 綜合收益初探
——基於信息相關性的實證研究

通過對文獻的梳理和對相關理論知識的概述，本書對綜合收益及其呈報等相關會計含義進行了理論上的闡述與總結。那麼，綜合收益在中國的應用情況究竟如何呢？是否與國際會計趨同？未實現的利得和損失是否在企業的財務報告中被如實反應？綜合收益信息是否具有了一定的決策相關性？未來，綜合收益在中國的會計改革如何繼續進行？帶著這一系列的疑問，本書從對綜合收益的信息相關性研究入手，結合數據分析，初步探索其在中國的應用情況與未來發展之路。

4.1 實證研究設計

初探時，本書擬選 2007—2008 年，新會計準則執行初期的相關數據作為研究基礎，進行測試性的研究。在這段時間，綜合收益的概念雖然已經提出，但還未正式規定其列報的位置。又考慮到股市的規範性和管理程度，選取上海證券交易所的相關數據，進行兩個方面的探究。一方面，基於股票交易數據，採用分形市場理論的長期記憶方法探討財務報告的披露週期，

是否使得以利潤為代表的財務信息的披露具有及時性；另一方面，以上市公司財務報告，特別是反應收益信息的報告為研究對象，分別運用事件研究法和經典實證模型研究綜合收益信息是否導致股價在報表披露時間窗口內產生非正常報酬，以研究其相關程度，對現有收益信息項目對股價影響程度和預測性。

4.1.1 財務報告的時間間隔研究

利潤備受信息使用者關注，是財務報告中的重要信息。新會計準則頒布之初，雖然要求披露了綜合收益的相關信息，但是並沒有在利潤表中得以體現，而上市公司公布的季報不要求披露承載綜合收益的股東權益變動表，並且其絕大部分的半年報沒有經過審計。因此，本書試圖首先運用分形理論，研究股市長期記憶性，通過考察記憶週期，尋找股市記憶性與財務報告披露週期的關係，以驗證財務報告信息披露的及時性。

4.1.1.1 報告間隔、報告延遲與及時性

費爾特姆（1968）指出，現有的報告間隔大多是日曆年度或傳統的結果，很少有人對此進行嚴格的分析。為此，費爾特姆利用支付計算這一正規分析方法就報告間隔問題進行了分析。費爾特姆認為，在給定時間裡，有多少個時間間隔比較合適，取決於決策間隔的大小。很顯然，報告間隔的變化僅僅影響信息系統函數關係或概率分佈。報告間隔的大小到底為多大，需要考慮一點，即間隔的變動是否會對發送的信號產生影響。財務報告通常將那些具有相似特徵和同一間隔內的時間分成不同的類別進行描述，所以，報告間隔的變動很可能同時影響發送的信號和信號接收的時間。通常情況下，報告間隔與決策間隔兩者匹配是最為理想的選擇。如果不同決策者的決策間隔不同，取最小的間隔顯然能確保信息更為及時，但收益必須大於成本這一約束必然對報告間隔的確定產生影響。

中國上市公司財務報告要求在每年4月30前結束，一些公司會在規定時間後發布修訂報告，產生報告延遲，這種因確認、處理和傳遞導致的報告延遲，往往帶給企業負面的影響。一方面，報告延遲時間越短，企業越容易形成正面價值；另一方面，延遲時間的縮短很可能以犧牲報告內容的準確性為代價，甚至會導致信息系統相關成本的產生，使得「盡可能早地」獲得信息的目標完全與理想目標相背離。可見，財務報告的時間間隔對信息的及時性也有一定的影響，而利潤作為重要信息之一，多少時間間隔披露對使用者而言也是非常重要的。

4.1.1.2 分形理論的概述

在20世紀，數學家們運用分形幾何學，用幾條簡單的規則來描述自然形狀，使複雜從這種簡單性中浮現出來。於是，西方經濟學家們將分形研究運用到經濟市場中來，運用一系列技術分析和實證分析，提出了分形市場理論和分形市場假說（Fractal Market Hypothesis，FMH），為進一步瞭解和認識混沌的證券市場提供了思路。

分形市場避免了有效市場假說存在的諸如投資者理性、市場有效和收益率服從隨機遊走的存在缺陷的假設，在市場波動解釋上更具廣泛性，能更好地分析市場價格運動和投資者行為。市場投資者可能會對接收到的信息立刻做出反應，這也是有效市場假說的隱含假定。然而，大多數人會等著確認信息，並且不等到趨勢已經十分明顯就不做出反應。證實一個確實所需確認信息的時間是不同的，但對於信息的不均等的消化可能導致一個有偏的隨機遊動[1]，反應在市場上就是指股價的變化並不是隨機產生的。

---

[1] 埃得加·E.皮特斯. 分形市場分析——將混沌理論應用到投資與經濟理論上[M]. 儲海林, 殷勤, 譯. 北京: 經濟科學出版社, 2002: 48-60.

經過長期的研究，英國水利學家赫斯特（H. E. Hurst）① 在1951年提出了一個新的統計量 H 來識別這一系統性的非隨機特徵，即赫斯特指數（Hurst Exponent）。他認為，現在對於未來的影響可以表現為一種相關性，即

$$C = 2^{2H-1} - 1 \tag{4.1}$$

其中，C 為關聯尺度，H 為赫斯特指數。

赫斯特指數是一種被廣泛應用的，強健的非參數方法。它對於所研究的系統要求的假定很少，也能克服建模的局限性，分為以下三種不同的類型。

（1）當 $H=0.5$ 時，標誌著一個序列是隨機的，事件是不相關的。即（4.1）式中 $C=0$，表示現在不會影響未來。

（2）當 $0<H<0.5$ 時，系統是反持久性的時間序列。它經常被稱為「均值回復」（Mean Reversion）的。如果一個序列在前一個期間是向上走的，那麼，它在下一個期間多半向下走。反之，若它過去是向下走的，那麼，它在下一個期間多半會向上走。這種反持久性行為的強度依賴於 H 距離 0 的大小。距離 0

---

① 赫斯特從1907年開始在尼羅河水壩工程工作，由那時起在尼羅河地區大約呆了40年。在那裡，赫斯特主要研究尼羅河水庫的控制問題。他認為，一個理想水庫的水應該是從不溢出的，因而需要有一個策略來決定每年放出一定數量的水。然而，如果來自河水的流入量太低，水庫的水位就會降低到危險的程度。於是，這就產生了一個問題：如何指定一個放水策略，使得水庫的水永遠不會溢出，也永遠不會被放空。赫斯特研究的問題是基於已觀測到的水庫流量的時間序列，從而計算尼羅河水庫的最佳蓄水量（如何使得水庫既不外溢也不會被放空到危險程度）。他發現，通常假定為隨機的流入量序列其實並非隨機，相反在長達幾年的時間尺度上存在某種穩定的相關行為。他發現流入量傾向於「聚類」，即接連數年流入量都低於平均水平，而接下來幾年流入量卻可能持續地高於平均水平。這一聚類現象明顯地證明系統內存在長程相關的關係，後來在自然科學，如氣象學和地理學研究的大自由度系統中，聚類現象也被廣泛地發現。曼德勃羅（B. B. Mandelbrot）和瓦里斯（J. R. Wallis）借用聖經中七年連旱七年洪水的故事，形象地把它稱為「約瑟夫效應」。

越近，等式（4.1）中的 C 就越接近於 -0.5，或者可以說是呈負相關性。

（3）當 $0.5<H<1$ 時，得到一個持久性的或趨勢增強的序列。如果序列在前一個期間是向上（下）運動的，那麼它在下一個期間將繼續是向上（下）運動的。趨勢增強行為的強度或持久性，隨著 H 接近於 1 或式（4.1）中的 $C=1$ 即百分百的正相關性，且序列有偏的程度依賴於 H 比 0.5 大多少。

中國學者的研究成果證明了此技術分析在中國證券市場上的可行性。葉中行（2001）利用分時數據計算了滬市個股（五支）的赫斯特指數；劉衡鬱（2005）運用赫斯特指數研究了深滬兩市，並認為中國股市已達到弱勢有效；張曉莉（2007）計算了滬深兩市日序列赫斯特指數均大於 0.5 等。

這些研究都是嘗試性的探索，由於數據的不足或者理論基礎的不足，都未對中國證券市場的分形結構做出整體詳細地描述，特別是很少有學者研究市場的平均循環週期，且循環長度與財務報表的披露週期的關係就鮮有學者問津。因此，本節試圖通過計算赫斯特指數，探索滬市的長期記憶性，並尋找相應的平均循環週期，研究報表披露週期對市場的影響。

4.1.2　綜合收益信息對非正常報酬的影響

在利潤深入人心的前提下，綜合收益乃是對傳統的利潤信息的變革，一方面可與國際接軌，披露綜合收益是各國會計準則的要求，另一方面能控制中國上市公司對盈餘的操縱。那麼，此變革信息的披露在市場上的影響程度如何？是否會在披露窗口產生股價的異常波動，形成非正常報酬？對此，本節擬用事件研究法對其進行探究。

4.1.2.1　事件研究方法

事件研究法（Event Study）是一種統計方法，用於研究當

市場上某一個事件發生的時候，是否會對股價產生波動，以及是否會產生「異常報酬率」（Abnormal Returns）。借由此種資訊，可以瞭解到股價的波動與該事件是否相關。在理性的金融市場中，一個事件的影響會迅速反應在股票的價格中，並通過股票價格在短期內的變化來衡量。

最先採用事件研究方法的是 Dolly。1933 年，他以美國股票市場 1921—1931 年間的 95 個股票拆分時間作為樣本，對股票拆分時間引起的股票價格的變化進行了研究。他發現，在 95 起拆分實踐中，有 57 起引起了股票價格上升、26 起引起了股價下降，另外 12 起沒有引起明顯的反應。之後，事件研究法被廣泛運用於探討各種事件，集中於合併、收購、收益公告或再融資行為等對股票價格或企業價值帶來的衝擊。

一般而言，當上市公司年報披露前後，在沒有其他重大事件影響的前提下，其公司股票價格及回報率會在報表公告日後發生較大波動（張海燕、陳曉，2008；王玉濤、薛健、陳曉，2009），導致該事件窗口前後產生股價的非正常盈餘。2007 年，公司年報用股東權益變動表披露了綜合收益，這一信息會否成為產生非正常盈餘的一個因素呢？本節擬基於 2007 年和 2008 年經事務所審計的上市公司在年報披露窗口中產生的非正常盈餘進行研究，這也是對綜合收益兩部分信息，即利潤和其他綜合收益的價值反饋程度的探討。

4.1.2.2　研究假設

財務報告，特別是上市公司年報對於使用者來說都是非常重要的，經過審計，財務報告能客觀地反應出企業的財務狀況、經營情況和現金流量情況。特別是 2007 年的企業年報，由於準則的修改，數據輸出途徑發生變化，很可能有其他原因導致股價產生非正常報酬。中國的證券市場已經達到了弱勢有效（趙宇龍，2000），有效市場可以對歷史信息做出準確反應。既然會

計準則披露綜合收益信息是必然的改革，那麼這也將會反應到年報披露事件窗口中。那麼，本書研究的重點，上市公司的業績水平由於準則修改後，綜合收益是否成為產生報告窗口期間非正常報酬的原因呢？由此，筆者提出假設4-1。

假設4-1：綜合收益信息的披露在年報披露期間產生超額收益。

2007年開始，中國要求上市公司的年報中要反應綜合收益，體現為股東權益變動表中淨利潤後加入了直接計入所有者權益的利得與損失，即部分未實現收益。新的會計準則改革了收益內容，擴大了企業記錄盈利的範圍，豐富了計量標準，力在多角度地披露由長期投資產生的未實現收益，對公司在年度之間調節利潤進行控制。此項內容的產生很可能會導致年報披露前後股價產生非正常報酬。由於新會計準則並沒有要求在報表中明示綜合收益項目，因此本書考慮將直接計入所有者權益的利得與損失單列出來與每股收益進行交叉研究。

4.1.3 綜合收益信息預測能力研究

預測能力，是看公司業績信息的信息傳遞對市場產生波動影響的能力，也是看會計信息是否與市場反應相關，即股價是否有相關關係，以及此關係的方向（正或負）與相關程度。根據文獻描述，大部分研究者認為分解盈餘比總括盈餘更具有解釋力，對於反應公司目前的經濟增長和未來的經濟成果水平而言，各分解盈餘項目的重要性並不完全相同，準則制定者根據行業特徵或宏觀環境對盈餘各項目的披露要求也會變化。因此，本節以新會計準則下的盈餘披露模式為基礎，從盈餘總額和單項兩個方面研究盈餘與企業市場價值之間的關係，為收益內容的確定提供數字依據。

4.1.3.1 收益信息總額的預測能力研究

本節通過比較由利潤表披露的總括盈餘項目「淨利潤」和由股東權益變動表披露的總括盈餘項目「綜合收益」的相關指標與股票回報等反應企業市場價值指標的相關性，進而判斷哪個指標能帶來更多的信息增量，並與投資者決策更相關。

（1）研究假設。

首先，信息使用者對直觀的財務報表信息都是十分關注的，只是根據決策需要分析的側重點不同。2007年的新會計準則要求上市公司披露的股東權益變動表，其格式與內容都稍顯複雜，筆者在閱讀700餘家滬市上市公司年報時發現，股東權益變動表的數字金額較其他三大報表字體偏小、內容繁雜、不易看清，且披露簡單，有很多空白單元格並沒有填製數據內容。但是，一張報表的披露總有其原因。其承載的綜合收益信息為中國企業的收益及其呈報改革拉開了序幕。那麼其披露是否會受到市場的關注，帶來信息增量呢？本節試圖通過假設4-2進行檢驗，探尋綜合收益信息的預測能力。

假設4-2：所有者權益變動表中列示的綜合收益能帶來信息增量。

其次，眾多研究者認為淨利潤相關指標比綜合收益相關指標具有更多的信息含量，顯著性高。況且，中國企業在年報披露時並沒有註明「綜合收益」字樣，季度財務報告更是不披露股東權益變動表和報表附註，無法引起絕大部分投資者的關注，因此其信息含量較淨收益低也有道理，本節試圖通過假設4-3，探究現階段更為市場所接受的業績指標。

假設4-3：淨利潤較綜合收益更能影響公司的市場價值。

值得注意的是，綜合收益信息作為會計制度改革的重要一步，特別對2009年年報要求在利潤表中披露「其他綜合收益」和「綜合收益」。信息平臺的改變可能會使得「綜合收益」信

息含量顯著性發生改變，對此，本書將在對綜合收益的再探中進一步研究。

（2）研究模型。

在此部分研究中，本書採用的基本模型①如下：

$$MVE_{it} = \alpha_0 + \alpha_1 BVE_{it} + \alpha_2 NI_{it} + \alpha_3 v_{it} + \varepsilon \qquad (4.2)$$

其中，$t \in [0,3]$，表示自年報披露日後三個月內；MVE_{it}表示 i 股票在 t 時間段內的平均市場價值，即每股股價乘以流通股股數；BVE_{it}表示 i 股票在 t 時間段內的所有者權益帳面價值；NI_{it}表示 i 股票在 t 時間的淨利潤發生額；v_{it}表示 i 股票 t 時間的未實現盈餘（其他綜合收益）。

考慮數據規模問題，本節用基本模型（4.2）中的變量除以流通股股數，將其修正為模型 4.3，作為相關性實證檢驗的基本模型。

$$\overline{P}_{it} = \alpha_0 + \alpha_1 BVE_{it} + \alpha_2 EPS_{it} + \alpha_3 OCI_{it} + \varepsilon \qquad (4.3)$$

其中，$t \in [0,3]$，表示自年報披露日後三個月內；$\overline{P}_{it}$表示 i 股票在 t 時間段內的平均日收盤價，體現市場對企業價值的反應；BVE_{it}表示 i 股票在 t 時間段內的每股所有者權益帳面價值；EPS_{it}表示 i 股票在 t 時間的每股盈餘；OCI_{it}表示 i 股票 t 時間的每股未實現盈餘（其他綜合收益）。

此處，考慮 BVE、NI 和 OCI 指標可能出現多重共線性，但是參照國外文獻的模型，本節在數據測試時發現三者在迴歸時未出現多重共線性，且迴歸結果較好，則考慮將 BVE 作為控制變量。因為只有它囊括了企業分散披露的未實現損益，具有說服力，因此將其作為自變量因素進行研究。

---

① 此部分模型參考達利沃爾（1999）和奧爾森（2006）的對全面收益信息研究的模型，結合中國具體情況設計而成。此外，科利達倫（2009）也根據前者的系列模型，用加拿大的資本市場數據進行了綜合收益信息的有效性檢驗，效果較為顯著。

此外，研究會計信息與公司價值相關性最常用的模型是價格模型和回報模型。將模型4.3中的因變量$\bar{P}_{it}$換為$\bar{R}_{it}$，表示i股票在t時間段內的平均投資回報率，得到模型4.4：

$$\bar{R}_{it} = \alpha_0 + \alpha_1 BVE_{it} + \alpha_2 EPS_{it} + \alpha_3 OCI_{it} + \varepsilon \qquad (4.4)$$

由於價格模型具有規模影響，並具有很強的年份特點，而回報模型能夠更好地克服規模和異方差性的影響，同時，本書更注重年報披露信息對公司價值的影響研究，因此將採用價格模型作為基礎模型。此外，本書暫不考慮將交易量作為被解釋變量來修改模型，一是因為此類做法研究較少，二是交易量較價格來說更難克服規模的影響。

4.1.3.2 收益信息個別項目的預測能力研究

此部分以研究2006年新會計準則出抬的擴大利潤內涵，引入綜合收益概念為出發點，重點實證研究未實現收益信息的披露是否引起了市場的廣泛關注以及其單項內容各自的相關程度如何。

（1）研究假設。

本節以收益信息分為已實現收益與未實現收益為基礎，將未實現盈餘的項目單獨出來，其一部分來自所有者權益變動表，包括可供出售金融資產公允價值變動金額、權益法下被投資單位其他所有者權益變動的影響、與計入所有者權益項目相關的所得稅影響及其他項目。將其單獨作為自變量，通過假設4-4，研究它們各自是否具有增量信息含量，以及對平均股價的影響程度。

假設4-4：在所有者權益變動表中列示的未實現收益各項與企業價值關係顯著。

除了所有者權益變動表中的列示以外，還有一部分未實現收益是通過利潤表來披露的，包括資產減值損失、公允價值變動損益和匯兌損益這三項非核心經營、持續性水平較低、易受

環境影響的盈餘項目。本節將其獨立出來，通過假設4-5，研究三者對平均股價的影響程度如何，並比較分析披露在利潤表中的未實現收益項目較所有者權益變動表的項目是否更具有信息增量。

假設4-5：在利潤表中的未實現收益各項與企業價值關係顯著。

值得注意的是，未實現收益不同於非經常性損益，前者的劃分標準是企業的經營、投資業績有無實現，後者的劃分標準是經營與投資行為發生頻率的不同。兩者維度不同，但實現與未實現收益更能完整反應企業的業績情況，經常與非經常損益是在綜合收益下對經營情況的不同劃分和管理。

（2）研究模型。

根據上述假設，該部分研究採用的基本模型旨在研究平均股價與未實現收益單項內容的相關關係。本書在實證研究過程中，將根據未實現收益披露位置不同進行劃分研究，會對基本模型4.5有所調整。

$$Price_{it} = \alpha_0 + \alpha_1 BVE\_S_{it} + \alpha_2 NI\_S_{it} + \alpha_3 OCI\_S_{it} + \alpha_4 IMP\_S_{it} + \alpha_5 FVC\_S_{it} + \alpha_6 Forex\_S_{it} + \varepsilon_{it} \quad (4.5)$$

其中，$Price_{it}$表示財政年度後3個月的股價平均數；BVE_S_{it}表示每股所有者權益；NI_S_{it}表示每股淨收益；OCI_S_{it}表示直接計入所有者權益的利得和損失；IMP_S_{it}表示每股資產減值損失；FVC_S_{it}表示每股公允價值變動損益；$Forex\_S_{it}$表示每股匯兌損益。

本節將驗證綜合收益信息組成項目的披露，是否會影響決策者的決策，從而反應在市場股價變動中，並通過對綜合收益構成分析為利潤構成深入分析與呈報形式的設計提供依據。

4.2 股市長期記憶性與報告間隔探尋

信息的及時性要依賴於會計工作各環節的緊密配合和會計先進核算方法的應用，前者是及時性對會計工作——計量、傳遞過程的基本要求，意味著會計信息的累積和匯總及其公布都應盡快送到使用者手中；而後者則是為了減少由於過多強調及時性而帶來的不可靠性以及提高會計工作實效的技術手段。一般而言，由於不同的使用者對信息需求有著隨機性，而信息的提供有著固定的形式（財務報表）和定期時間（季度、半年和年度），以盡量展現企業的那些可能影響使用者預測、決策的情況變化，所以及時性並不是絕對的，其本身具有程度之分。

4.2.1 長期記憶過程的探尋——赫斯特指數分析模型

記憶根據時間由短到長可分為感官記憶（Sensory Memory），短期記憶（Short-term Memory）和長期記憶（Long-term Memory）三個階段。其中，長期記憶的存放信息時間是最長的，且信息不會因沒有一再復誦而消失，它在時間和容量上都是無限的。長期記憶能夠很好地刻畫近期事件殘留影響形成的非線性特徵，每一個觀察都帶有在它之前所發生的所有事件的「記憶」，從理論上來說，長期記憶是要永遠延續的。

具有長期記憶過程的非線性系統在混沌學中被稱為是具有「對初始條件敏感依賴」的混沌系統，它隨著時間的延續，既不會收斂為一個不動點，也不會趨向於一個規律性的週期運動，因此長期記憶過程是一種非週期性循環。這裡的非週期性體現為市場對某一事件的記憶不是周而復始的，而是在一個長期記憶過程結束後就被遺忘了。市場對每一個事件都會產生一個長

期記憶過程，一個長期過程的結束也許就伴隨著市場對另一個新事件的長期記憶的開始，儘管對於單一事件而言，市場僅在一個長期記憶中做出反應，但對於市場所面對的信息流而言，長期記憶過程又像是輪迴往復的，這就是所謂的循環。

本節選用了 R/S、V 統計修正、DFA、DMA 四種方法來計算赫斯特指數，其中 V 統計修正是針對 R/S 方法進行的，與 R/S 方法一起描述。

4.2.1.1 重標極差分析法（R/S，Rescaled Range Analysis）

重標極差分析法主要是通過用觀察值的標準差去除極差來建立一個無量綱的比率。這樣時間序列的趨勢和噪聲的水平可以根據重標極差隨時間的變化情況來度量，即看 H 值與 0.5 的差額大小。

$$ln(R/S) = Hln(N) + ln(a) \qquad (4.6)$$

這樣，通過找出 R/S 對於 N 的 ln-ln 圖的斜率，就可以知道一個關於 H 的估計。在研究分析金融市場時，通常使用自然對數收益率

$$S_t = ln(P_t/P_{t-1}) \qquad (4.7)$$

其中，S_t 為 t 時的對數收益率，P_t 為 t 時的價格。

對於 R/S 分析而言，對數收益率要比價格的百分比變化更為適用，計算結果也更具表述性。R/S 分析中的極差是對於平均值的累積離差，對數收益率加起來等於累積收益率，而百分比變化則不是。

採用赫斯特的重標極差方法，建立 R/S 分析模型的步驟如下。

（1）設由對數收益率 S_t 構成的時間序列為 N。將 N 分成 A 個子序列，每個子序列有 n 個觀測值，即滿足 $A \cdot n = N$。將子序列標定為 I_a，其中 $a = 1, 2, 3, \cdots, A$。I_a 中的每個元素標定為 $N_{k,a}$，$k = 1, 2, 3, \cdots, n$。對於每個長度為 n 的子序列 I_a，其

所包含元素的平均值可以記為：$e_a = \dfrac{1}{n}\sum_{k=1}^{n} N_{(k,\,a)}(n)$

（2）每個子序列對於其平均值的累積離差可以記為：

$$X_{k,\,a} = \sum_{i=1}^{k}(N_{i,\,a} - e_a) \tag{4.8}$$

其中，$k = 1, 2, 3, \cdots, n$。

（3）每個子序列的極差定義為：

$$R_{I_a} = max(X_{k,\,a}) = min(X_{k,\,a}) \tag{4.9}$$

其中，$1 \ll k \ll n$。

（4）每個子序列的樣本標準差為：

$$S_{I_a} = \sqrt{\dfrac{1}{n}\sum_{k=1}^{n}(N_{k,\,a} - e_a)^2} \tag{4.10}$$

（5）至此，每個子序列 I_a 的重標極差為 R_{I_a}/S_{I_a}。由於長度為 n 的子序列一共有 A 個，因此，子序列長度為 n 的 R/S 的平均值為：

$$(R/S)_n = \dfrac{1}{A}\sum_{a=1}^{A}(R_{I_a}/S_{I_a}) \tag{4.11}$$

（6）n 的取值以 1 的步長遞增，重複步驟前五個步驟，直到 $n = [\dfrac{N}{2}]$，因為 A 最小為 2。此時便可利用 (4.6) 式估計出該方程的斜率，即為赫斯特指數 H。

考慮到所研究的時間序列具有長時間的記憶效應，本書在實際計算重標極差的過程中，應用了 A.W. Lo（Andrew Wen Chuan Lo）的 V 統計，即計算標準差時作如下修正：

$$S_{I_a} = [\dfrac{1}{n}\sum_{k=1}^{n}(N_{k,\,a} - e_a)^2 + 2\sum_{j=1}^{q}\omega_j(q)\gamma_j]^{1/2} \tag{4.12}$$

其中，γ_j 為子序列 I_a 的協方差，$\gamma_j = \sum_{k=j+1}^{n}(N_{k,\,a} - e_a)(N_{k-j,\,a} - e_a)$。

整數 q 的最大值一般取為 $N^{1/4}$，相應的權重因子 $\omega_j(q) = 1 - \dfrac{j}{q+1}$。

4.2.1.2 趨勢去除法（DFA, Detrended Fluctuation Average）

20世紀90年代，一些學者在對DNA結構進行研究時發明了消除趨勢的波動分析法（DFA）。隨後這一方法在許多自然科學和社會科學領域得到了應用，如心率動力學分析、長期天氣預報、雲層結構分析以及金融時間序列分析等。本書觀察到的金融時間序列往往是包含經濟增長、通貨膨脹等產生的趨勢影響。一些傳統的統計分析方法（如R/S方法和Spectra譜分析法）就沒有把這些外在的趨勢從時間序列中加以消除，其統計結果的準確性值得懷疑。

DFA方法的優點就在於，它可以將各種不同階的外來趨勢從時間序列中加以消除，使時間序列本身所具有的統計行為特徵能被準確地觀察到。本書仍然以股票的對數收益率為研究對象，$S_t = ln(P_t) - ln(P_{t-1})$，$t = 2, 3, \cdots, N_{max}$，具體步驟為：

（1）建立新的數列 y_t：

$$y_t = \sum_{i=1}^{i=t} S_i - t \cdot \bar{S} \tag{4.13}$$

其中，$\bar{S} = \sum_{t=1}^{N_{max}} S_t / N_{max}$。

（2）將時間序列 $y(t)$，$t = 1, 2, \cdots, N$。劃分為 N/t 個長度為 t 的等長無重複小區間。如果假設每個小區間包含的外在趨勢為線性趨勢，則有區間趨勢方程為 $\tilde{y}(t)_{plo,1} = a \cdot t + b$，其中 a，b 的值可以通過對該區間的數據進行最小二乘法擬合得到。與此對應的消除趨勢的波動分析法就叫做 DFA（1），以此類推，如果假設區間包含2次、3次冪函數等趨勢，則對應的消除趨勢的波動分析法就叫做 DFA（2）、DFA（3）等。

（3）然後在每個區間計算：

$$\sigma_{DFA}(S, 1) = \sqrt{\frac{1}{N_{max}} \sum_{t=1}^{N_{max}} [y(t) - \tilde{y}_{pol}(t)]^2} \qquad (4.14)$$

（4）取不同的 t 值，畫出 $ln[\sigma_{DFA}(S, 1)] \sim ln(S)$ 的圖，並對現行區域做線性迴歸，求出直線斜率即赫斯特指數。

4.2.1.3 平均窗口移動法（DMA, Detrended Moving Average）

與 DFA 的思路相同，DMA 的出發點也是去除趨勢，只是兩者去除趨勢的方法不同而已。DMA 是一種利用在一定範圍內，不停地移動觀測窗口來聚焦某一研究點，從而達到去除趨勢為目的的一種研究方法。迄今，DMA 屬於一種較新的方法，它最先被運用於物理學的研究中。葛萊希（D. Grech）研究發現，DMA 分析法不僅比 DFA 分析法更容易理解和運用，而且計算結果也很準確，不失為一種很好的去除趨勢影響的方法。DMA 具體步驟如下。

（1）與 DFA 計算相同，首先用（4.13）式建立新的數列 y_t，

$$y_t = \sum_{i=1}^{i=t} S_i - t \cdot \bar{S} \qquad (4.15)$$

其中，$\bar{S} = \sum_{t=1}^{N_{max}} S_t / N_{max}$。

（2）取整數 n（小於 N_{max}），對於每個 n 用式（4.14）計算 $\sigma_{max}(n)$

$$\sigma_{DMA} = \sqrt{\frac{1}{N_{max} - n} \sum_{t=1}^{N_{max}} [y(t) - \tilde{y}_n(t)]^2} \qquad (4.16)$$

其中，$\tilde{y}_n = \frac{1}{n} \sum_{k=0}^{n-1} y(t-k)$。

（3）取 n 從 10 到 1,000 重複步驟二計算不同的 $\sigma_{max}(n)$，然後畫出 $ln[\sigma_{DMA}(n)] \sim ln(n)$ 的圖，並對現行區域做線性迴歸，求出斜率即赫斯特指數。

4.2.1.4 赫斯特指數的有效性檢驗

赫斯特指數估計量是否有效，以及在多大程度上有效取決於檢驗的結果。本節採用的檢驗有效性的方法是隨機地打亂數據，使觀測的次序與原來的時間序列完全不同。因為實際觀測的頻數分佈保持不變，而如果原序列真正獨立，那麼對於打亂後的序列計算出來的 H 值，應該也是保持不變的；相反，如果原序列存在著記憶效應，那麼數據的次序就重要了。也就是說，原序列的次序打亂以後，重新計算出來的 H 值會與原序列的 H 值有差異，而這個差異的大小，是受原序列存在的記憶效應的長短影響的。如果原序列具有長期的記憶效應，那打亂次序後計算出來的 H 值與原序列的 H 值就有較大的差異；反之，差異就較小，但差異是客觀存在的。一般來說，打亂原序列的次序，就會破壞系統的結構，從而得到較低地接近 0.5 的 H 值。因此，本節試圖用上述方法，選取資本市場的數據進行進一步的實證研究。

4.2.2 中國滬市數據實證研究

4.2.2.1 股票數據的選取

上證綜合指數（SHI）以 1990 年 12 月 19 日為基日，以該日所有股票的市價總值為基期，基期指數定為 100 點，自 1991 年 7 月 15 日起正式發布。因為中國沒有統一的全國指數，一般認為，上證綜合指數能夠反應中國股市的整體表現。

本節主要研究報告間隔，採用的數據是 1990 年 12 月 19 日開市至 2008 年 2 月 1 日上證綜合指數，將非交易日直接剔除（一年約有 250 個交易日），共 4,200 個交易日，用 MATLAB 軟件進行分析。本書考慮數據到 2008 年止是因為 2008 年出現了經濟危機，要避免大環境變化對長期記憶週期計算的影響；且

2007年年報按新準則編製幾乎還沒有公告，但企業和市場都知道此年的財務報告編製基礎發生了變化；其間還經歷了中國的傳統節日春節的假期，因此取數於2008年初止，結果如圖4-1所示。

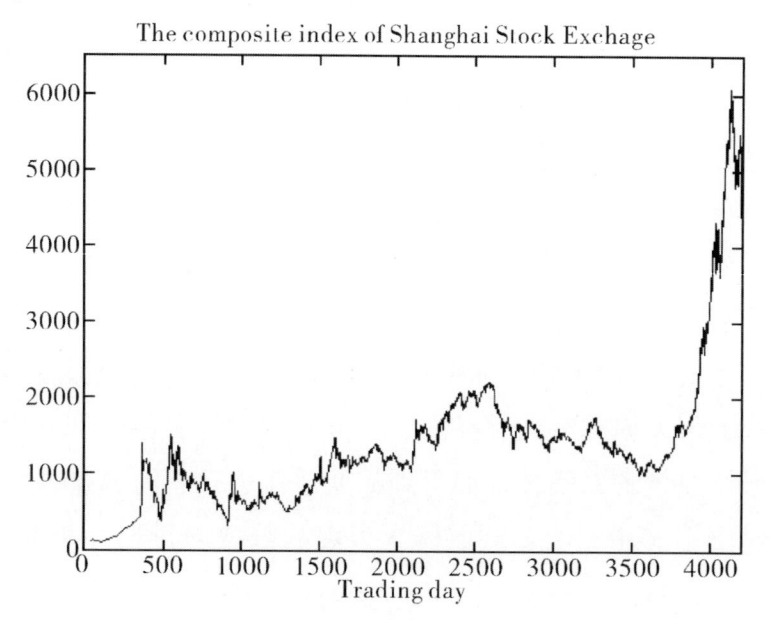

圖4-1 上證綜合指數日收盤價時間（天）圖

圖4-1為滬市1990年12月19日至2008年2月1日，大約4,200個交易日的上證綜合指數日收盤價時間（天）圖。

4.2.2.2 實證結果圖表

將原時間序列打亂檢驗，結果顯示不管用什麼方法計算，上證綜合指數的赫斯特指數值都比原值趨近於0.5方向變得更小。R/S，V統計修正，DFA，DMA四種方法計算出來的赫斯特指數都在0.6左右（如表4-1所示）。

表 4-1　四種方法計算的滬市綜合指數的赫斯特指數值和週期

SSCI	R/S	V 統計($q=3$)	DFA	DMA
H	0.654, 6	0.631, 1	0.583, 4	0.604, 2
週期（天）	358①	322	285	81

註釋：斜率不易準確估計，如圖4-2，但可以粗略測算出斜率較原序列小。其中 V 統計是作為修正採用的統計方法。

一般週期有明顯的增長（如圖4-2至圖4-4所示）。這說明原來的時間序列是有偏的隨機序列，是具有持久性的。

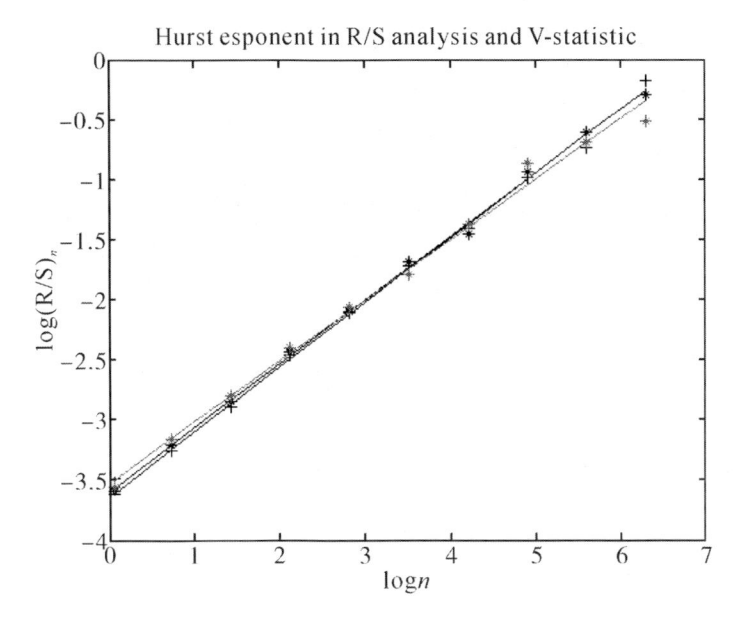

圖 4-2　雙對數擬合曲線圖

圖 4-2 中由下至上的 3 條曲線分別為上證綜合指數的天收益 R/S 圖與 V 統計修正因子 $q=1,3$ 的雙對數擬合曲線。

---

① 數據分析是以 ln(n) 為橫軸表示以 $e=2.718,18$ 為底數的自然對數［本書出現的 log(n) 均以 e 為底數］。用 R/S 法得到圖形拐點對應 x 軸上的值約為5.8，表示平均週期，因此得出的天數為 $e^n = e^{5.884} = 2.71^{5.88} \approx 358$ 天。以下三種方法 V 統計，DFA 和 DMA 對週期天數同理計算。

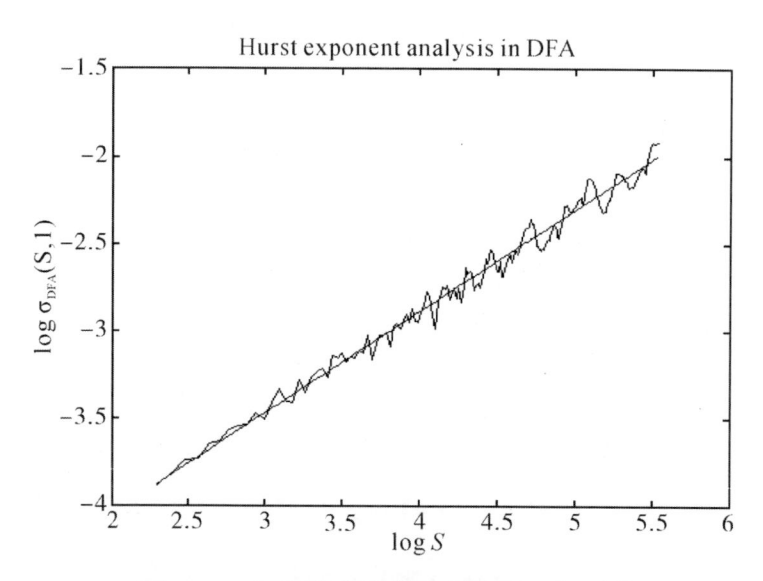

圖 4-3　上證綜合指數的天收益 DFA 圖

圖 4-3 中直線為實際計算值的線性擬合。

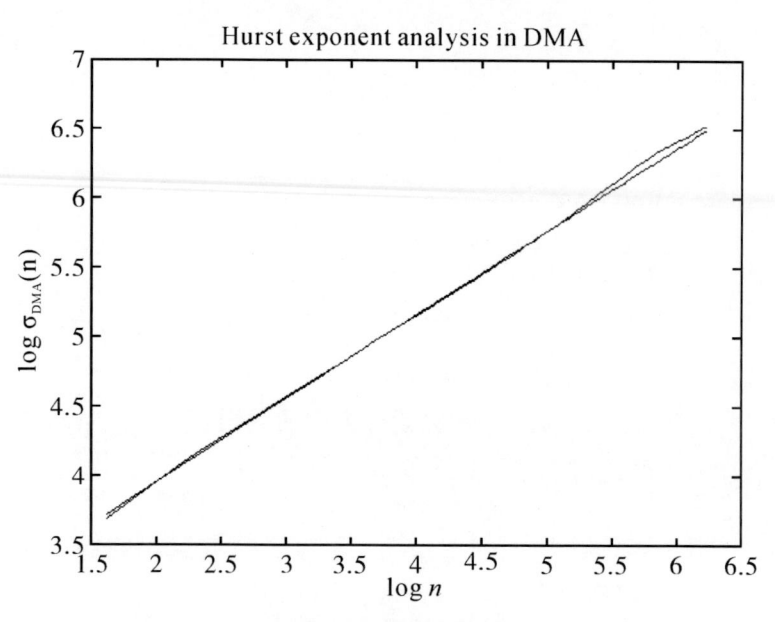

圖 4-4　上證綜合指數的天收益 DMA 圖

4.2.2.3 實證結果分析

（1）中國滬市存在長期記憶效應。

從圖中的曲線和表中的數字可以看出，中國上證綜合指數的赫斯特指數值並不十分趨近於 0.5，這說明它的收益率是一個幾乎接近於非隨機序列的分形時間序列。而很多學者計算的美國股市道瓊斯指數的赫斯特指數就基本上趨近於 0.533，這一點也說明了兩國股票市場完善程度的不同。

首先，打亂原時間序列後進行的有效性檢驗的結果表明，四種方法計算出來的斜率明顯比原序列計算結果偏小，週期偏長（如表 4-1 所示）。這說明上證綜合指數是具有持久性的，市場的表現有增強的趨勢，時間序列存在著長期記憶性。這充分說明了中國滬市是存在長期記憶性的。

其次，計算結果可以說明上海股票的市場股價波動有著十分明顯的持續狀態，上證綜合指數的波動趨勢也是可以被判斷和預測的，它是服從有偏的隨機遊走過程的。滬市股指波動雖然比較平緩，但是變量之間並不相互獨立，而是存在一種正相關的關係，這也說明滬市的分形時間序列是具有持久性或趨勢增強特性的。而且，去除其他宏觀影響因素後，上證綜合指數也並不是呈隨機變化的，這說明存在著一些非宏觀經濟因素影響著分形時間序列的波動性。

最後，研究結果表明，中國股票市場的股價波動是明顯受到現在和過去信息影響的。因此，投資者可以通過對歷史信息的分析而獲得超額利潤（這不是一個有效市場中應該存在的現象）。同時，滬市的股價和收益時間序列存在狀態的持續性和高度的相關性。正是由於這種正相關性，即長期記憶結構，使得分形時間序列在時間方面顯示出自相似性，即在不同的時間尺度上有類似的統計特性。某些投資者可以利用這點，通過運用技術分析法來分析股價的歷史信息，從而獲得超額利潤。而且

這類信息的作用是長期存在的，且存在著一個平均循環週期。

（2）上市公司報表披露週期與股指波動平均週期相關。

本節的實證分析結果發現（如表4-2所示），四種方法計算出來的股指波動週期與上市公司報表披露週期都有關係。

表4-2　四種方法計算的滬市綜合指數與上市公司報表披露週期關係

SSCI	R/S	V 統計($q=3$)	DFA	DMA
週期（天）	358	322	285	81
週期（月）	17.68	15.9	14.07	4
披露週期	半年報	季報	審計時期	季報

註釋：股市工作日按每月 20.25 天估算，（360-12*8-21)/12=20.25。

第一，V 統計修正 R/S 和 DMA 方法計算的週期都顯示了季報披露週期與股指波動存在時間上的相聯性，新方法 DMA 明顯地觀察到了一個 81 天[①]左右的循環。而且，用 DMA 方法畫出的曲線光滑度要比其他兩種方法的結果光滑很多，這個應該是與 DMA 子區間參數的連續變化有關係。

這也可以說明，一旦上市公司對外披露報表，投資者會隨即做出反應，股市會跟隨發生變化，股價隨之發生劇烈的波動。這在某種程度上說明了股價波動與上市公司基本面存在相關性。

第二，DFA 的結果也許說明了一個有趣的現象，即年後兩個月的時間與會計師事務所對上市公司進行審計工作的時間段

---

① 據本書所選樣本觀察，上市公司第一季度報大多在 2 月至 4 月份披露，第二季度報即中報會在 8 月份披露，第三季度報是在 10 月份披露，第四季度報通常都沒有單獨披露。報告披露時間和市場股指波動週期 81 個工作日大致吻合。季報從屬的會計期間是 3 個月，即報告間隔為 3 個月，只是披露時間滯後於會計期間，本書所提的 3 個月的報告間隔（時間間隔），指的就是季報會計期間間隔 3 個日曆月。

（即外勤審計時段，通常在報表正式披露前兩個月開始）相符。可以設想，如果審計期間的財務信息變動，也可能會造成股價的明顯波動。這和一些學者研究的股價波動在財務報表披露的前後一段時間內的結果有類似之處，有待更多學者的研究。

第三，通過中國學者運用 R/S 等方法對滬市綜合指數收益率的研究發現：研究的樣本數據越多，即數據時間跨度越大，H 值會變大，但平均週期會變小。劉衡鬱（2005）研究了滬市從 1993 年 1 月 4 日至 2003 年 12 月 15 日的時間分段數據，得出 $H=0.603$，平均週期為 380 天。史永東（2006）對滬市從 1991 年 4 月 4 日至 2001 年 12 月 31 日的 545 個數據進行了研究，得出 $H>0.58$。張曉莉（2007）對滬市自 1991 年 1 月 19 日至 2004 年 4 月 21 日的數據進行了研究，得出平均循環週期為 280 天。本書也嘗試用 1995 年至 2002 年數據和 1995 年至 2008 年數據分別計算週期，得到了相似的結果。這表明，自 1995 年正式實行《年報準則》的定期報告制度以來，信息披露經多次修改逐漸得到充分和完善，特別是在 2002 年正式實行季報披露制度後，報表信息披露的週期縮短，股指波動的平均週期也較之前縮短，說明記憶「更新」頻率提高，信息體現了更高的隨機性，市場的有效性逐步完善。

此外，從本節計算的結果可以看出，H 值的大小差別不是很大，但是關於相關週期的結論就大不一樣了。一般來說，用 DMA 的方法計算出來的週期要明顯小於其他兩種方法的計算結果。除了計算方法本身的特點以外，可能還有一些客觀原因的影響，這些還需要廣大學者們的進一步討論和研究。

4.2.3 結論與啟示

4.2.3.1 以「收益」信息為主的財務報告具有及時性

收益信息作為上市公司財務報告最重要的指標之一受到了

市場的極大關注，財務報告披露週期與股價波動週期近似，這也說明了財務報告這個業績披露平臺的發布時間很重要，信息是否能及時發布受到信息使用者的普遍關注。在這樣的基礎上，本節實證結果就為研究財務報表時間窗口對股價波動的影響提供了基礎，雖然收益信息只是財務基本面的一部分，但也為收益結構對市場的影響奠定了可探討的基礎。

同時，長期記憶過程的探尋也說明了財務報告披露時間與內容對信息使用者是及時相關的。按照規定，年度報告披露的法定期限是會計年度結束後的120天，基本上是從公歷1月1日至4月30日這段時間，此後每隔大概3個月時間都有報告披露。及時性作為相關性的另一個相近特徵，是從時間角度對信息相關性的保證。雖然信息的相關性不是由及時性來決定，但滯後的信息必定造成信息的不相關，其獲取就會成為信息使用者決策過程中的沉沒成本。

此外，三個月的間隔週期也為後續實證中的股價預測模型，對股價取三個月的平均數進行研究奠定了一定的理論基礎。

4.2.3.2 收益報告需要設計與改革

如研究設計中所提到的，中國新會計準則對綜合收益信息要求在所有者權益變動表中披露，而滬市股價的波動週期與季報披露週期相關，季報中又不要求披露所有者權益變動表，因此可看出使用者們關注的還是收益信息，對隱藏在非利潤表的報告中的綜合收益信息並不重視，或者說是沒有關注到。這和美國學者研究綜合收益報告披露形式的結論不謀而合，即若要貫徹執行綜合收益信息的披露，必需將其放在報告企業經營狀況的報告中去，若用其他報告方式替代，將不能起到抑制上市公司進行盈餘操縱的目的。因此，通過赫斯特指數和報告間隔的研究，筆者認為，探討綜合收益報告形式的設計與改革是十分必要的。

4.2.3.3 將宏觀統計方法運用於及時性研究

研究信息披露及時性的文獻不多，大多研究均從微觀的角度，即從年報披露的時間出發來探測其在市場中的反應，發現早披露年報公司的市場反應顯著強於晚披露公司，並得出了及時性具有信息含量的肯定結論（朱曉婷、楊世忠，2006；薛爽、蔣義宏，2008）。本節從新的研究視角出發，引用分形市場理論研究中國的資本市場，以滬市為代表，運用不同的計量方法，基於天數據，計算具有記憶和週期的赫斯特指數，得出的實證結果證實了中國股市的波動並不遵從隨機遊走模型，而是呈現非布朗運動形式。並且，中國的資本市場是具有長期記憶性的，這也是它相對於國外成熟資本市場弱勢有效的表現。在此結構下，其股指的波動存在著非週期性循環，並產生一個相對宏觀的平均循環週期。不同的統計計算方法得出的赫斯特指數與週期雖然略有差異，但是它們都通過數字和模型，共同說明了中國上市公司報表信息披露週期與股價波動是相關的，且因市場參與者的主觀判斷和客觀行為的「干擾」，兩者在一定程度上會相互記憶，相互影響。

中國自 1990 年和 1991 年滬、深兩地建立了證券交易所以來，從中央到地方，先後頒布了一系列有關信息披露的法規，初步形成了信息披露制度體系，並得到不斷的完善。本節研究的報表披露週期的規定對中國股市的有效性起一定的驗證作用，但其披露的內容修訂後對市場有效性乃至個股的影響都是十分值得研究的。

4.3 綜合收益信息對非正常報酬的影響研究

事件研究法在研究過程中，首先需要決定研究假說為何。譬如假設估計期間的 CAR（Cumulative Abnormal Returns，累計非正常報酬率）並沒有產生資訊效果，而事件期的 CAR 可能產生資訊效果。決定研究假說以後，須確定事件的種類及其事件日，估計期及事件期之計算期間，並以股價日報酬率估算其預期報酬率，再透過實際報酬與預期報酬之差額，觀察整體事件於宣告期間是否具有異常報酬的產生，最後借由統計鑒定來檢視其統計值是否顯著。

4.3.1 研究方法與模型

本節採用事件研究的方法，針對樣本數據，設定了研究模型。

4.3.1.1 研究方法——事件研究法

（1）事件日的確定。

當假設確定後，事件研究法就需要確定所謂的「事件日」，即指市場「接收」到該事件即將發生或可能發生的時間點，而非該事件「實際」上發生的時間點，此時點通常以「宣告日」為準。時點認定的適當與否，對於研究的正確性，會有決定性的影響。

本書選擇上市公司披露審計報告日前後為研究窗口，選擇報告日前後 5 日（-5，5）[①] 作為研究窗口，上市公司年報披露

---

① 參考李曉強（2008）對中國會計制度改革和會計信息差異研究所取事件研究窗口時間段，同時考慮中國股市一週 5 天的交易日時間來確定時間日窗口。

時間跨度大，且部分公司對報告披露有修訂版本擇日披露，本節統一用修訂後最終報告日作為事件窗口進行研究。

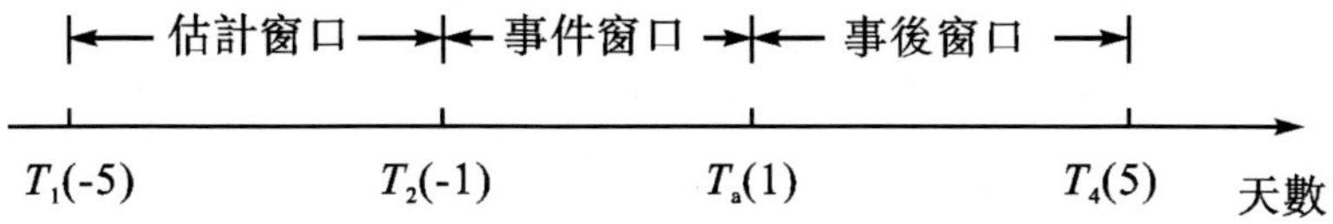

```
|←── 估計窗口 ──→|←── 事件窗口 ──→|←── 事後窗口 ──→|
T₁(-5)           T₂(-1)           Tₐ(1)           T₄(5)    天數
```

圖4-5　事件窗口圖

（2）市場模式。

估計某一事件發生或公布後，對於股價影響，必須建立股票報酬率的「預期模式」，以估計「預期報酬」（Expected Returns）。股票報酬率的預期模式有很多種，應用最廣的是「市場模式」（Market Model）。市場模式假設個股股票的報酬率與市場報酬率之間存在線性關係，並用市場報酬率來建立股價報酬率的迴歸模式，公式如下：

$$R_{it} = \alpha_{it} + \beta_i R_{mt} + \varepsilon_{it} \qquad (4.17)$$

其中，$t \in [T_1, T_2]$，R_{it} 表示 i 公司第 t 期的報酬率，$R_{it} = \frac{p_{it} - p_{i(t-1)}}{p_{i(t-1)}}$，即個股日收盤價 P_{it} 的投資回報率；R_{mt} 表示 i 公司第 t 期的市場加權指數股票的報酬率。

本節採用上海證券交易所的日收盤綜合指數進行計算，得出個股迴歸斜率 β_i 和截距項 α_{it} 用於對事件窗口及事後窗口的研究。

（3）計算正常收益。

針對誤差項的部分，根據法碼（1968）、貝莎（1972）及法碼（1973）的研究，市場模式有下列之假設：$E(\varepsilon_{it}) = 0 cov(\varepsilon_{i\tau}, \varepsilon_{i\gamma})$，$cov(\varepsilon_{i\tau}, R_{mt}) = 0$，既統計誤差項不影響因變量，其協方差為0。

因此，經由以上所示公式，可求得個股在「事件期」某一

期（0，5）的預期報酬率，即：

$$r_{it} = a_{it} + b_i R_{mt} \qquad (4.18)$$

其中，r_{it} 表示 i 公司 t 期之預期報酬率，經由估計期計算得來的正常收益；R_{mt} 表示第 t 期市場加權指數股票之報酬率。

(4) 估計非正常報酬率（CAR）。

一旦估計出「預期報酬率」，也就可以得到異常報酬率，或稱異常收益率、非正常收益率、非正常報酬率、超額回報率。為了瞭解某一特定事件之異常報酬率或累積效果的行為，並且提供有關異常報酬率，何時開始出現關聯以及何時結束，採用異常報酬率（AR）及累積異常報酬率（CAR）以看出此項反應。

異常報酬（Abnormal Returns，AR_{it}）指以事件期的實際報酬減去事件期的預期報酬 AR_{it}，即公式（4.17）-（4.18）：

$$AR_{it} = R_{it} - r_{it}$$

其中，AR_{it} 表示 i 公司第 t 期之異常報酬率；R_{it} 表示 i 公司第 t 期之實際報酬率；r_{it} 表示 i 公司第 t 期之預期報酬率。

累積異常報酬率（Cumulative Abnormal Returns，CAR），則為特定期間內每日異常報酬率的累加值 $\sum AR_{it}$。如果異常報酬率為正，可以推論事件對股價有正的影響；如果異常報酬率為負，可以推論事件對股價有負的影響。但只知道正負仍不夠，因為不能確定此種影響是否足夠明顯，因此還需進行顯著性檢驗，並根據研究假說對異常報酬率和檢定的結果進行分析與解釋。

4.3.1.2 研究模型

本節運用每股盈餘與「直接計入所有者權益的利得與損失」（即其他綜合收益）進行研究，探討兩者對上市公司年報時間窗口期內市場異常變動有無影響。

$$CAR_{it} = \alpha_0 + \alpha_1 UEPS_i + \alpha_2 UOCI_i + \varepsilon \qquad (4.19)$$

其中，CAR 為年報披露窗口的市場累計超額回報率；$UEPS_i = EPS_{i,t} - EPS_{i,t-1}$，為樣本公司的預期每股盈餘（Unexpected Earnings per Share）；$OCI_i = OCI_{i,t} - OCI_{i,t-1}$，為樣本公司披露在所有者權益變動表中的「直接計入所有者權益的利得與損失」項目合計。

模型 4.19 沒有考慮 CI[①]，是因為該自變量的引入可能造成公式的多重共線性，因為綜合收益中含有了 OCI 和 EPS；並且，上市公司在 2007 年和 2008 年的財務報告上都沒有標明「綜合收益」字樣披露信息，因此本節就選取了直觀數據 OCI 觀測其是否是產生非正常報酬的因素。

4.3.2 研究樣本與分析

4.3.2.1 研究樣本

本節使用的數據主要摘自上海證券交易所網站所披露的年報，聯合證券通達信交易平臺數據庫和國泰安研究服務中心 CSMAR 系列研究數據庫。截至 2009 年 12 月 31 日，本節選取 2007 年和 2008 年滬市 A 股上市公司作為初選的截面樣本，共 820 家，並依據如下標準進行了篩選：首先，剔除金融保險行業的上市公司；其次，剔除 ST、S 和 SST 公司樣本；最後，根據年報披露前後市場數據的完整程度，剔除了報告披露前後 5 天及以上無市場交易的樣本公司。經過上述篩選，最後得到 2007 年度與 2008 年上市公司樣本（如表 4-3 所示）。此外，本節還搜集了 727 家上市公司在 2007 年至 2009 年的季報、中報和年報數據，發現季報數據只有不到 1% 的公司經過審計、中報只有不到 5% 的公司經過審計，因此選用了最具「真實公允」性的年報作為

[①] 這裡的 CI 是指所有者權益變動表中「淨利潤」與「直接計入所有者權益的利得和損失」之和，即新會計準則要求披露的「綜合收益」信息。

研究對象。

　　同時，本節選取了上市公司年報，即會計政策制定機構要求各公司披露的統一的利潤表和利潤項目，而非分析師們出具的財務分析報告進行研究。因為，新準則並沒有在 2007 年和 2008 年報表上要求直接披露「綜合收益」項目，專業機構的報表分析師會據此出具有關總括收益的利潤分析報告，對利潤做詳細的分類與分析，如按經營性、投資性等類別劃分。而本節的研究對象是市場的所有投資者，一部分投資者是具有分析和判斷能力的，但有一部分決策者是跟風投資，欠缺對市場和公司的價值分析，而分析師的分析報告一般被認為與投資群體有關，其分析報告缺乏嚴格的獨立性。

表 4-3　　上海證券交易所上市公司樣本遴選表

	初選	復選	樣本量	報告披露時間跨度
2007	820	726	699	2008.1.23–8.14
2008	820	726	718	2009.1.15–10.26
模型 4.19*			695	2009.1.15–10.26

　　註釋：*表示，因模型 4.19 中涉及 $UEPS$ 與 $UOCI$ 的計算，本書考慮上市公司 2006 年年報披露的還是按傳統方法確認與計量的每股收益，與 2007 年的每股收益計算口徑不同，因此只選用 2008 年和 2007 年兩年的每股收益計算 $UEPS$ 與 $UOCI$。這樣，綜合兩年的樣本，用 695 家上市公司的數據檢驗 2008 年綜合收益信息影響超額累計收益的顯著性。

　　此外，準則沒有要求標明「綜合收益」信息進行披露，這在一定程度上會影響做總額事件研究的敏感性。本節考慮，一方面，視大部分理性投資者明白股東權益變動表的設置初衷，知道「綜合收益」概念，這在一定程度上能增強實證研究的可靠性；另一方面，本節可以從綜合收益概念提出後，市場對「淨利潤」信息的認知程度的改變角度來進行研究，看傳統淨利潤指標是否對市場波動依然有顯著的影響。

4.3.2.2 描述性統計和相關係數分析

（1）描述性統計。

因為 2007—2008 年的世界經濟環境變化快、差異大、氣氛緊張，這兩年的財務報告數據受到了很大的影響；同時考慮到使用價格模型進行實證，因此，本節分別用截面數據進行研究，描述性統計和相關係數檢驗詳見表 4-4 至表 4-7。在此，本節加入了 CI 進行研究，發現 CI 與 OCI 的相關關係顯著。且從描述性統計來看，2007 年 OCI 的均值占 CI 均值的 24%，2008 年該比例上升至 39%，同時 EPS 在 CI 中的比重在下降，可見 OCI 在總收益中的比例情況及重要性，說明了研究 OCI 的內容和披露形式十分必要。

表 4-4　信息含量模型變量的描述性統計（2008 年）

	CAR	EPS	CI	OCI
均值	0.037,224	0.272,645	0.181,771	-0.115,445
中位數	0.043,537	0.19	0.141,296	0
最大值	2.573,759	6.28	6.130,509	3.267,165
最小值	-0.516,785	-1.491,6	-10.440,84	-10.995,72
標準差	0.179,061	0.551,279	0.792,929	0.624,098
樣本數	717	717	717	717

表 4-5　信息含量模型變量的描述性統計（2007 年）

	CAR	EPS	CI	OCI
均值	-0.033,609	0.380,688	0.552,183	0.134,179
中位數	-0.031,405	0.27	0.320,375	0
最大值	0.691,018	5.53	20.331,38	20.127,94
最小值	-0.505,734	-1.89	-2.770,724	-8.100,924
標準差	0.155,611	0.500,884	1.199,388	1.124,523
樣本數	698	698	698	698

由於 2008 年的經濟危機影響，中國的上市公司的收益平均值均低於 2007 年。且財務報告披露對超額報酬帶來了「正」的影響，相對 2007 年財務報告披露對超額報酬「負」的影響，說明「收益」信息相對經濟低迷環境下，更被市場投資者所關注。

（2）相關係數分析。

以簡單直線相關為例：假設 X，Y 分別為自變量和因變量，應用相關係數計算公式：$r = \dfrac{\sum (X - \bar{X})(Y - \bar{Y})}{\sqrt{\sum (X - \bar{X})^2 \sum (Y - \bar{Y})^2}}$（$\bar{X}$、$\bar{Y}$ 分別為變量 X、Y 的平均數），求的 r 的數值，分析變量間的相關關係及相關程度，如果 $|r|$ 越趨近於 0，說明變量 X、Y 之間的相關程度越小，變量 X 對預測與決策的影響就越弱；如果 $|r|$ 越趨近於 1，說明變量 X、Y 之間的相關程度越大，變量 X 對預測與決策的影響就越強。相關程度的判別，直接影響信息的選取或剔除，影響相關形式 $\hat{y} = a + bX$ 的建立，以及最終的預測和決策結果。倘若變量 X 為具有相關關係的預測模型 $\hat{y} = a + bX$ 的輸入信息，則給定 X 就會導出預測結果 $\hat{Y}$。

表 4-6　信息含量模型變量相關係數表（2008 年）

	EPS	CI	OCI	CAR
EPS	1		**	
CI	0.598,364,107	1	**	
OCI	-0.157,150,96	0.674,098,7	1	
CAR	-0.082,332,37	-0.030,801	0.038,336,5	1

表 4-7　信息含量模型變量相關係數表（2007 年）

	EPS	CI	OCI	CAR
EPS	1			
CI	0.337,979,546	1	**	
OCI	-0.099,977,95	0.897,686,5	1	
CAR	0.010,450,914	-0.035,968	-0.052,27	1

註釋：相關係數表左下方是相關係數，而右上方是顯著性檢驗，其中，***，**，*分別表示顯著性水平為1%，5%和10%（雙尾檢驗）。

從表 4-6、表 4-7 中可以看出，首先，2007—2008 年，EPS 相對於 CI 的相關程度在提高，OCI 相對於 CI 的相關性在降低。從某種程度上來說，OCI 中部分利潤在下一年度實現，公司逐漸關注部分未實現收益在其總收益中的計量與比例。其次，在 2007 年，OCI 與 CAR 的相關性較 EPS 與 CAR 的高，雖然均不明顯，但可以說明 OCI 的出現在某種程度上影響了報告窗口中的超額報酬。

4.3.3　結論與啟示

4.3.3.1　綜合收益信息對報告窗口期間超額收益解釋力度偏弱

經過對基本模型的實證研究發現，財務報告收益信息對超額報酬解釋力度很弱，相對李曉強（2008）對 2002—2003 年財務報告對年報時間披露窗口研究，EPS 對 CAR 影響顯著。雖然本書將 EPS 與 CAR 單獨迴歸後，發現檢驗效果顯著，但是 EPS 在 OCI 的影響下，大大削弱了其對超額收益的解釋力度。

根據原模型實證，本節在消除多重共線性和異方差性後，發現「直接計入所有者權益的利得與損失」對 CAR 的影響相對更為顯著，因此修正了模型 4.19，使用了交乘項，形成模型

4.20（如表4-8所示）。

$$CAR_{it} = \alpha_0 + \alpha_1 UEPS_{it} + \alpha_2 UOCI_{it} + \alpha_3 UEPS * UOCI_t + \varepsilon$$
(4.20)

表4-8　　　　模型前後的檢驗結果（2008年）

	CAR (4.19) 系數	T值	CAR (4.20) 系數	T值
α_0	0.035,487	5.834*	0.034,896	5.750**
UEPS	-0.017,361	-1.404	-0.025,060	-1.961*
UOCI	0.010,394	1.131	0.006,265,2	0.671
UEPS * UOCI			-0.042,085	-2.288*
Adj R-Sq	0.17%		1.12%	
F test	1.599,388***		2.817,021***	
N	695		695	

註釋：***，**，*分別表示顯著性水平為1%，5%和10%（雙尾檢驗）。

從表4-8中可以看出，經過修正的模型凸顯了OCI對CAR的影響，同時也反應出OCI對EPS的影響。雖然模型4.20的迴歸效果較4.19好，但總體迴歸效果不理想。從表4-8中還可以看出，每股收益與其他綜合收益相互影響，且交互項的檢驗結果顯著，說明其他綜合收益的披露對超額收益是有一定影響的，且其披露也影響到每股收益原有的價值，使其「壟斷」收益指標的地位有所動搖。

4.3.3.2　綜合收益內容有待調整，列報形式有待設計

除開經濟環境影響的因素，筆者觀察到，2007年，企業第一次在所有者權益變動表中披露未實現損益信息並沒有得到市場的反應，其披露的非經常性損益內容也較模糊，2008年未實現損益在市場上有所反應，但因沒有明確提及綜合收益概念，在報表中也沒有明示，因此其在市場中的反應也較微弱。

綜上所述，新會計準則對收益信息的改革形成的綜合收益並非形成超額收益的主要因素，假設4-1未得到證明。但新會計準則公布對市場回報率還是有一定影響的，是有信息增量的，淨利潤以及直接計入所有者權益的利得和損失對CAR的影響並不大，特別是淨利潤指標，許多學者研究淨利潤指標是影響財務報告窗口平均股價非正常波動的重要因素，但在本節研究中，淨利潤指標也許是受到了未實現收益披露的影響，淨利潤指標顯著性有所降低。同時，在2008年經濟低迷時期，投資者對未實現收益的關注度提升了。這也為準則制定者們提供了改革的思路，如未實現收益應該包括什麼樣的信息、綜合收益應該以什麼樣的形式去披露、怎樣才能真實完整地反應企業的業績，使本書的研究更具價值。

4.4 綜合收益信息的構成研究

信息使用者在判斷信息的相關性時，定性的標準會因許多不確定的因素而難以掌握，如信息使用者分析與決策角度不同，對同樣報表及報表附註的信息的評判就會有所不同，可能導致某些不具備相關性的信息被用於決策，造成損失。因此，需要對信息相關性做定量的分析，結合定性評述來甄別眾多會計信息，即對信息相關緊密程度及相關形式進行確認（預測或決策模型）。

4.4.1 市場對綜合收益信息的反應程度

4.4.1.1 綜合收益信息總額市場反應的實證檢驗

經過數據的初步檢驗，檢測出CI與OCI作為變量，其結果幾乎相同，但是OCI的檢驗效果要顯著於CI。筆者分析，這可能是報告上沒有明確註明「綜合收益」字樣造成的，而OCI有

明確標註，且重要內容單列，更能引起信息使用者的注意，引發市場反應，因此，本節將 OCI 替換成 CI 進行研究。根據公式 4.3，將樣本數據進行描述性統計及相關係數檢驗，得到的結果如表 4-9 和 4-10 所示。

通過對表 4-9 和表 4-10 的比較，可見 2007 年其他綜合收益與綜合收益信息的相關性遠低於 2008 年，這裡的其他綜合收益是指直接計入所有者權益變動表的利得和損失。兩者的相關性越高，未實現損益在綜合收益中的比重越大，越重要。因為 2007 年會計新準則實施，且運用公允價值計價，各公司嘗試性進行編製，並進行了一系列調整，到了 2008 年年報，經過經驗累積，編製的信息更為真實可靠。從搜集樣本數據的過程中也可看出，2007 年年報對非經常性損益披露非常簡單，有些甚至沒有明確的內容可以披露，並且大多數樣本公司的數據與附註中「營業外收支」的數據不符。2008 年的年報有了很大的改善，披露項目增多，數據的可靠性有所增強。

表 4-9　2007 年樣本數據描述性統計與變量相關係數表

Panel A：2007 年樣本數據描述性統計

2007	$\bar{P}$	$\bar{R}$	BVE	EPS	OCI	CI
均值	13.934	-0.004	3.802	0.381	0.133	0.551
中位數	10.556	-0.004	3.405	0.270	0.000	0.320
最大值	174.838	0.025	24.080	5.530	20.128	20.330
最小值	3.730	-0.018	-1.108	-1.890	-8.101	-2.770
標準差	12.454	0.004	2.308	0.501	1.125	1.200
樣本數	698	698	698	698	698	698

表 4-9（續）

Panel B：2007 年樣本數據變量相關係數表

2007	$\bar{P}$	$\bar{R}$	BVE	EPS	OCI	CI
$\bar{P}$	1	**	**	**		*
$\bar{R}$	0.090	1	**	*		*
BVE	0.463	-0.035	1	**	*	*
EPS	0.668	-0.056	0.527	1		
OCI	-0.036	-0.022	0.452	-0.099	1	**
CI	0.264	-0.043	0.668	0.339	1	1

註釋：相關係數表左下方是相關係數，而右上方是顯著性檢驗，其中，***，**，*分別表示顯著性水平為1%，5%和10%（雙尾檢驗）。

表 4-10　2008 樣本數據描述性統計與變量相關係數表

Panel A：2008 年樣本數據描述性統計

2008	$\bar{P}$	$\bar{R}$	BE	EPS	OCI	CI
均值	11.323	0.004	3.463	0.273	-0.115	-0.115
中位數	9.026	0.004	3.068	0.190	0.000	0.000
最大值	121.600	0.024	19.633	6.280	3.267	3.267
最小值	3.442	-0.003	0.137	-1.492	-10.996	-10.996
標準差	8.213	0.003	2.148	0.551	0.624	0.624
樣本數	717	717	717	717	717	717

Panel B：2008 年樣本數據變量相關係數表

2008	$\bar{P}$	$\bar{R}$	BVE	EPS	OCI	CI
$\bar{P}$	1	**	**	**		
$\bar{R}$	-0.001	1	**	*		
BVE	0.605	-0.074	1	**	*	*
EPS	0.684	-0.066	0.642	1		

表4-10(續)

2008	$\bar{P}$	$\bar{R}$	BVE	EPS	OCI	CI
OCI	−0.123	0.000	−0.218	−0.157	1	***
CI	−0.123	0.000	−0.218	−0.157	1	1

註釋：相關係數表左下方是相關係數，而右上方是顯著性檢驗，其中,***, **, *分別表示顯著性水平為1％，5％和10％（雙尾檢驗）。

此外，本節使用投資回報率作為因變量進行了穩健性測試，實證結果與使用股價作為應變量相似，但顯著性和擬合優度較差，這可能是因為2007年與2008年的經濟環境變化大，回報模型在這樣的外部顯著影響下不能發揮其作用。因此，本節繼續採用價格模型進行穩健性測試和研究。

4.4.1.2 加入審計意見作為自變量引入基本模型的研究

新會計準則實施後，投資者對企業披露的會計信息的真實與可靠性大部分依賴於獨立審計師出具的審計報告。本節將審計意見作為啞變量加入模型4.3中作為控制變量，更改方程為：

$$\bar{P}_{it} = \alpha_0 + \alpha_1 BVE_{it} + \alpha_2 EPS_{it} + \alpha_3 OCI_{it} + \alpha_4 OPI_{it} + \varepsilon$$

(4.21)

其中，OPI_{it} 表示 i 公司 t 時期的審計報告。中國的審計報告有4種類型，即標準審計報告、帶強調事項段的無保留意見、非無保留審計意見和否定意見。本書將標準審計報告定義為「1」，非標準審計報告定義為「0」。經統計，2007年年報出具非標準審計報告的滬市上市公司有8家，2008年為12家。

在剔除了異方差和多重共線性的影響下，該模型的結果如表4-11所示。

表 4-11　加入審計意見啞變量後的模型檢驗結果

	$\bar{P}_{it}$ (4.3)		$\bar{P}_{it}$ (4.21)	
	2008	2007	2008	2007
α_0	5.516,691***	4.597,245***	7.623,457**	2.723,971*
BVE	1.094,052***	1.108,512**	1.094,436***	1.110,645**
EPS	7.503,623***	13.720,75**	7.559,508***	13.682,33***
OCI	0.243,823	−0.818,129	0.242,710	−0.824,059
OPI			−2.159,606	1.910,717*
Adj R-Sq	0.513,512		0.513,960	0.463,597
F test	252.924,4***	202.127,7***	190.282,2***	151.598,8***
N	718	699	718	699

註釋：***，**，*分別表示顯著性水平為1%，5%和10%（雙尾檢驗）。

在2007年樣本模型中加入審計意見的啞變量後，自變量的顯著性得到提高，尤其是每股收益對股價平均值的影響更為顯著，但其他綜合收益的值並不顯著，且系數為負數。這在一定程度上說明股價與其他綜合收益信息成反向關係，市場並不重視或者看好這部分收益，對其給企業未來價值是否帶來增量還不明確。

4.4.1.3　結論與啟示

（1）所有者權益變動表中列示的「綜合收益」能帶來信息增量。

通過上述實證研究，發現假設4-2成立，即財務報告中披露的綜合收益能帶來信息增量，其對公司市場價值有一定的影響，雖然迴歸結果未達到10%的顯著性水平下有效，但是十分接近。這說明對收益的改革是必要的，但同時還應深入研究如何提高綜合收益指標的信息增量，提高其決策有用性。

（2）淨利潤較綜合收益更能影響公司的市場價值。

雖然「綜合收益」帶來了信息增量，引起了市場的反應，產生了股價波動，但從表4-11來看，其決策相關性還是低於傳統的淨利潤指標的，說明假設4-3成立。能看出淨利潤指標在使用者進行決策中的重要性，並且其預測能力強於綜合收益，特別是其他綜合收益。可以看出，新會計準則應用初期，使用者更為關注短期內實現或循環的業績表現，因為未實現收益的概念和計量不明確，信息使用者們在決策中不便使用。因此，收益信息的改革不僅在於將一些未實現項目披露出來，還需注意披露的基礎、內容及形式的同步研究。

4.4.2 市場對收益信息明細項目的反應程度

4.4.2.1 未實現收益披露情況研究

經過對樣本公司的描述統計，得出在報表中披露的10項未實現收益項目（如表4-12、表4-13所示）。其中，在所有者權益變動表中披露的有7項，在利潤表中披露的僅3項。可見，中國對未實現損益的披露還是以所有者權益變動表為主，這和確認與計量規定相關。

表4-12　有未實現損益項目披露的樣本公司情況

年份 項目	2007年 個數	2007年 占樣本比例	2008年 個數	2008年 占樣本比例	增減比例
可供出售金融資產公允價值變動金額	224	32.05%	233	32.45%	4%
權益法下	177	25.32%	175	24.37%	-1.13%
其他所得稅影響	115	16.45%	134	18.66%	16.52%
外幣報表折算差額	72	10.30%	82	11.42%	13.89%
同一控制下企業合併	11	1.57%	9	1.25%	-18.18%

表4-12(續)

項目\年份	2007年 個數	占樣本比例	2008年 個數	占樣本比例	增減比例
調整可分離交易的可轉換公司占全對應遞延所得稅負債	1	0.14%	2	0.27%	100%
其他	336	48.07%	336	46.8%	0
資產減值損失	693	99.14%	715	99.58%	3.18%
公允價值變動收益	300	42.92%	226	31.48%	-24.67%
匯兌損益*	361	51.65%	376*	52.37%	4.16%

註釋：其中，2007年樣本總量為699家，2008年樣本總量為718家。「權益法下」是指權益法下被投資單位其他所有者權益變動的影響。* 表示2007(2008)年匯兌損益在利潤表中披露金額的僅有61(62)家，僅佔有此項信息的公司17.73%（16.5%），376家是通過查看附註中財務費用的明細項目所得。

表4-13　　有未實現損益項目披露的金額情況

項目\年份	2007 均值(元)	占樣本比例	2008 均值(元)	占樣本比例	增減比例
可供出售金融資產公允價值變動金額	94,289,915.44	165%	-52,557,020.61	51%	-1.56
權益法下	7,670,875.49	13%	-1,273,465.73	1%	-1.17
其他所得稅影響	-10,596,681.72	-19%	6,094,222.40	-6%	1.58
外幣報表折算差額	-4,057,711.30	-7%	-10,138,030.09	10%	-1.5
同一控制下企業合併	-7,638,131.72	-13%	-22,147,995.29	22%	-1.9
調整可分離交易的可轉換公司占全對應遞延所得稅負債	-136,299.35	0	3,482,287.72	-3%	26.54
其他	-23,922,287.42	-42%	-20,439,759.85	20%	0.15
資產減值損失	27,555,606.92		173,048,295.59		5.28
公允價值變動收益	3,984,421.35		-6,301,030.90		2.58
匯兌損益	-447,393.73		5,402,284.70		13.08

註釋：Panel B的樣本量是指直接計入所有者權益利得與損失的總額。

4.4.2.2 所有者權益變動表中的未實現收益實證研究

本節研究先對樣本公司年報的直接計入所有者權益的利得和損失的各項目，包括可供出售金融資產公允價值變動金額、權益法下被投資單位其他所有者權益變動的影響、與計入所有者權益項目相關的所得稅影響及其他項目做描述性統計（如表 4-15、表 4-16 所示）和相關性分析（如表 4-17、表 4-18 所示），再將其作為單獨變量代入模型進行迴歸（如表 4-19 所示）。

表 4-14 所有者權益變動表中未實現收益實證研究模型一覽表

模型序號	迴歸模型
4.3	$\bar{P}_{it} = \alpha_0 + \alpha_1 BVE_{it} + \alpha_2 EPS_{it} + \alpha_3 OCI_{it} + \varepsilon$
4.22	$\bar{P}_{it} = \alpha_0 + \alpha_1 BVE_{it} + \alpha_2 EPS_{it} + \alpha_3 QVI_{it} + \varepsilon$
4.23	$\bar{P}_{it} = \alpha_0 + \alpha_1 BVE_{it} + \alpha_2 EPS_{it} + \alpha_3 EQU_{it} + \varepsilon$
4.24	$\bar{P}_{it} = \alpha_0 + \alpha_1 BVE_{it} + \alpha_2 EPS_{it} + \alpha_3 OTtax_{it} + \varepsilon$
4.25	$\bar{P}_{it} = \alpha_0 + \alpha_1 BVE_{it} + \alpha_2 EPS_{it} + \alpha_3 Other_{it} + \varepsilon$

註釋：AVI 表示可供出售金融資產公允價值變動金額，EQU 表示權益法下被投資單位其他所有者權益變動的影響，OTtax 表示計入所有者權益項目相關的所得稅影響，Other 表示其他項目。由於大部分企業沒有披露其他項目的具體內容，因此把披露出來的非前三項內容加入其他項目中計算。

表 4-15 2007 年所有者權益變動表中未實現收益項目描述性統計

2007	$\bar{P}_{it}$	BVE	EPS	OCI	AVI	EQU	OTtax	Other
均值	13.93	3.80	0.38	0.13	0.18	0.01	-0.02	-0.03
中位數	10.56	3.41	0.27	0.00	0.00	0.00	0.00	0.00
最大值	174.84	24.08	5.53	20.13	20.13	0.96	0.10	1.00
最小值	3.73	-1.11	-1.89	-8.10	-0.22	-0.20	-1.06	-8.10
標準差	12.45	2.31	0.50	1.13	1.07	0.07	0.09	0.35
樣本數	698	698	698	698	698	698	698	698

表 4-16　2008 年所有者權益變動表中未實現收益項目描述性統計

2008	$\bar{P}_{it}$	BVE	EPS	OCI	AVI	EQU	OTtax	Other
均值	11.32	3.46	0.27	−0.12	−0.07	0.00	0.01	−0.02
中位數	9.03	3.07	0.19	0.00	0.00	0.00	0.00	0.00
最大值	121.60	19.63	6.28	3.27	11.84	4.26	1.09	1.04
最小值	3.44	0.14	−1.49	−11.00	−11.00	−0.72	−1.58	−3.28
標準差	8.21	2.15	0.55	0.62	0.77	0.18	0.10	0.21
樣本數	717	717	717	717	717	717	717	717

表 4-17　2007 年所有者權益變動表中未實現收益項目相關係數表

2007	$\bar{P}_{it}$	BVE	EPS	OCI	AVI	EQU	OTtax	Other
$\bar{P}_{it}$	1	***	***		*	*	*	**
BVE	0.46	1	**	*	**	**	**	*
EPS	0.67	0.53	1			*	*	**
OCI	−0.04	0.45	−0.10	1	***	**	**	**
AVI	0.06	0.53	0.04	0.93	1		**	
EQU	0.06	0.08	0.05	0.05	−0.02	1		
Ottax	−0.01	−0.14	−0.03	−0.24	−0.34	0.03	1	
Other	−0.27	−0.14	−0.38	0.35	0.03	0.00	0.00	1

表 4-18　2008 年所有者權益變動表中未實現收益項目相關係數表

2008	$\bar{P}_{it}$	BVE	EPS	OCI	AVI	EQU	OTtax	Other
$\bar{P}_{it}$	1	**	**					**
BVE	0.605	1	**	*				*
EPS	0.684	0.642	1					
OCI	−0.123	−0.218	−0.157	1		**		***
AVI	−0.013	−0.088	−0.034	0.627	1		*	

表4-18(續)

2008	$\bar{P}_{it}$	BVE	EPS	OCI	AVI	EQU	OTtax	Other
EQU	−0.021	−0.010	−0.028	0.245	0.010	1		
Ottax	0.011	0.041	0.025	−0.215	−0.409	−0.344	1	
Other	−0.297	−0.258	−0.325	0.327	−0.005	0.021	0.002	1

註釋：相關係數表左下方是相關係數，而右上方是顯著性檢驗，其中，***，**，*分別表示顯著性水平為1%、5%和10%（雙尾檢驗）。

經過對方程的檢驗（如表4-19、表4-20所示），本節發現綜合收益信息及各項內容在2007年並不受市場關注，大家為之熟悉的業務，如權益法下計算投資收益和所得稅雖然對股價產生了正效應，但並不顯著。其中，「權益法下」的P值為0.526,5，「其他」的P值為0.420,3，可以說沒有通過檢驗，原因可能在於權益法經過改革，數據可預測性待檢驗。而「其他」項目並未披露任何文字信息，有此項金額的上市公司，90%以上的占比巨大，這樣的披露大大影響了數據的可預測性，降低了其相關性。同時，在2008年的數據檢驗中，筆者發現，可供出售金融資產公允價值變動對股價影響較2007年顯著，這也說明了公允價值這種計量方法越來越受到關注，其重要性也越來越高了。「其他」項目在2008年的檢驗結果好於2007年，P值為0.344,8，但「權益法下」沒有通過檢驗，這也表現出信息使用者們對長期股權投資信息的關注程度變得模糊起來。

表4-19　2007年所有者權益變動表中未實現收益項目實證結果

2007	4.3	4.22	4.23	4.24	4.25
α_0	4.597,245***	4.523,167***	5.215,855***	5.199,254***	5.253,850***
BVE	1.108,512**	1.116,931**	0.823,434*	0.858,312**	0.843,912**
EPS	13.720,75**	13.960,12***	14.571,19***	14.530,69***	14.265,72**
OCI	−0.818,129				

表4-19(續)

2007	4.3	4.22	4.23	4.24	4.25
AVI		-0.879,909			
EQU			3.126,631		
OTtax				4.217,517	
other					-1.037,628
Adj R-Sq		0.464,190	0.460,849	0.461,388	0.461,243
F test	202.127,7***	202.277,9***	199.591,2***	200.022,6***	199.905,9
N	699	699	699	699	699

註釋：***，**，*分別表示顯著性水平為1%，5%和10%（雙尾檢驗）。

表4-20 2008年所有者權益變動表中未實現收益項目實證結果

2008	4.3	4.22	4.23	4.24	4.25
α_0	5.516,691***	5.521,696***	5.540,158***	5.540,581***	5.628,798***
BVE	1.094,052***	1.092,435***	1.080,113***	1.082,110***	1.057,992***
EPS	7.503,623**	7.478,857**	7.493,272**	7.495,128**	7.223,444**
OCI	0.243,823				
AVI		0.310,021*			
EQU			-0.201,743		
OTtax				-1.088,588	
other					-2.655,586
Adj R-Sq	0.513,512	0.514,016	0.513,203	0.513,369	0.517,259
F test	252.924,4***	253.433,0***	252.613,0***	252.779,9***	256.732,3***
N	718	718	718	718	718

註釋：***，**，*分別表示顯著性水平為1%，5%和10%（雙尾檢驗）。

此節內容的實證結果否定了假設4-4，即在所有者權益變動表中列示的綜合收益並不是各項內容均與企業價值關係顯著，只有可供出售金融資產的檢驗顯著。但是值得關注的是，其他綜合收益總額通過了異方差檢驗，在2008年的模型檢驗效果顯

著,可以預計,在2009年的年報中,OCI應該更被關注,因為它同時也被要求在利潤表中加行單獨列式,這充分說明了財務報告的改革需要一個循序漸進的過程。

4.4.2.3 利潤表中的未實現收益實證研究

本節先將利潤表中的未實現損益,包括資產減值損失、公允價值變動損益和匯兌損益這三項非核心經營、持續性水平較低、易受環境影響的盈餘項目獨立出來,研究其對股票回報是否具有增量信息含量,檢驗過程及結果詳見表4-21至表4-27。

表4-21 利潤表中未實現收益實證研究模型一覽表

模型序號	迴歸模型
4.26	$\bar{P}_{it} = \alpha_0 + \alpha_1 BVE_{it} + \alpha_2 EPS_{it} + \varepsilon$
4.3	$\bar{P}_{it} = \alpha_0 + \alpha_1 BVE_{it} + \alpha_2 EPS_{it} + \alpha_3 OCI_{it} + \varepsilon$
4.27	$\bar{P}_{it} = \alpha_0 + \alpha_1 BVE_{it} + \alpha_2 EPS_{it} + \alpha_3 IMP_{it} + \varepsilon$
4.28	$\bar{P}_{it} = \alpha_0 + \alpha_1 BVE_{it} + \alpha_2 EPS_{it} + \alpha_3 FVC_{it} + \varepsilon$
4.29	$\bar{P}_{it} = \alpha_0 + \alpha_1 BVE_{it} + \alpha_2 EPS_{it} + \alpha_3 Forex_{it} + \varepsilon$

註釋:IMP表示資產減值損失,FVC表示公允價值變動損益,Forex表示匯兌損益。在資產減值中,絕大多數公司只披露了壞帳準備,存貨跌價準備和可供出售金融資產減值準備三項,多數公司還披露有固定資產減值準備,其他的減值準備少有列示。公允價值變動損益由於沒有明確規定,2年平均只有25%的樣本公司有披露,多為交易性金融資產公允價值變動損益。匯兌損益由於是在附註財務費用中挖掘,大多數公司雖然在利潤表上有此可填項,在附註中也有披露,但均沒有在利潤表的空白處填寫,可見其披露得不規範,需要改進。

表 4-22　2007 年利潤表中未實現收益項目描述性統計

2007	$\bar{P}_{it}$	BVE	EPS	OCI	IMP	FVC	Forex
均值	13.934,05	3.802,47	0.381,23	0.133,34	0.034,88	0.004,99	0.000,76
中位數	10.556,05	3.405,17	0.270,00	0.000,00	0.013,85	0.000,00	0.000,00
最大值	174.837,90	24.079,69	5.530,00	20.127,94	1.259,40	0.568,86	0.634,43
最小值	3.729,85	-1.108,23	-1.890,00	-8.100,92	-0.615,40	-0.079,52	-0.261,36
標準差	12.453,81	2.307,55	0.501,04	1.125,11	0.096,99	0.036,04	0.034,43
樣本數	698	698	698	698	698	698	698

表 4-23　2008 年利潤表中未實現收益項目描述性統計

2008	$\bar{P}_{it}$	BVE	EPS	OCI	IMP	FVC	Forex
均值	11.323	3.463	0.273	-0.115	0.070	-0.007	-0.003
中位數	9.026	3.068	0.190	0.000	0.021	0.000	0.000
最大值	121.600	19.633	6.280	3.267	3.160	0.338	0.194
最小值	3.442	0.137	-1.492	-10.996	-0.087	-0.629	-1.097
標準差	8.213	2.148	0.551	0.624	0.183	0.048	0.055
樣本數	717	717	717	717	717	717	717

表 4-24　2007 年利潤表中未實現收益項目相關係數表

2007	$\bar{P}_{it}$	BVE	EPS	OCI	IMP	FVC	Forex
$\bar{P}_{it}$	1	**	**		*	*	
BVE	0.463,0	1	**	*	*	*	
EPS	0.667,6	0.527,1	1			*	
OCI	-0.036,1	0.451,5	-0.099,5	1			
IMP	0.034,4	0.048,3	-0.130,9	-0.029,8	1		
FVC	0.101,3	0.123,5	0.207,0	0.054,1	0.019,5	1	
Forex	-0.124,9	-0.092,4	-0.187,3	0.068,6	-0.071,0	-0.165,5	1

表4-25　2008年利潤表中未實現收益項目相關係數表

2008	$\bar{P}_{it}$	BVE	EPS	OCI	IMP	FVC	Forex
$\bar{P}_{it}$	1	***	**				*
BVE	0.605	1	**	*			*
EPS	0.684	0.642	1				
OCI	−0.123	−0.218	−0.157	1			
IMP	0.087	0.117	−0.064	−0.031	1		
FVC	−0.013	0.004	−0.006	0.015	0.021	1	
Forex	−0.196	−0.236	−0.312	0.148	−0.401	−0.004	1

註釋：相關係數表左下方是相關係數，而右上方是顯著性檢驗，其中，***，**，*分別表示顯著性水平為1%，5%和10%（雙尾檢驗）。

表4-26　2007年利潤表中未實現收益項目實證結果

2007	4.26	4.3	4.27	4.28	4.29
α_0	5.219,373**	4.597,245***	4.875,393***	5.197,075***	
BVE	0.830,127*	1.108,512**	0.735,769**	0.834,507**	0.830,169
EPS	14.579,39**	13.720,75**	15.158,54***	14.779,21***	14.575,15
OCI		−0.818,129			
IMP			13.818,97**		
FVC				−14.133,96	
Forex					−0.321,435
Adj R-Sq	0.461,278	0.464,004	0.471,712	0.462,109	0.463,597
F test	299.401,1***	202.127,7***	208.452,2***	200.600,3	151.598,8***
N	699	699	699	699	699

註釋：***，**，*分別表示顯著性水平為1%，5%和10%（雙尾檢驗）。

表4-27　2008年利潤表中未實現收益項目實證結果

2008	4.26	4.3	4.27	4.28	4.29
α_0	5.539,777***	5.516,691***	5.490,930***	5.524,711***	5.494,084***
BVE	1.079,882**	1.094,052***	0.987,521***	1.080,485***	1.086,967***
EPS	7.495,679**	7.503,623**	7.812,076**	7.493,212**	7.620,628**
OCI		0.243,823			
IMP			4.026,096*		

表4-27(續)

2008	4.26	4.3	4.27	4.28	4.29
FVC				−1.986,473	
Forex					4.561,133
Adj R-Sq	0.513,866	0.513,512	0.520,906	0.513,321	0.514,037
F test	379.422,1***	252.924,4***	260.495,6***	252.731,5***	253.454,4***
N	718	718	718	718	718

註釋：***，**，*分別表示顯著性水平為1%，5%和10%（雙尾檢驗）。

模型研究結果表明：第一，利潤表中披露的資產減值損失比其他項目更加受到市場的關注。第二，公允價值變動損益的顯著性較弱。這可以解釋為其計量方法的不確定，以及企業對編製公允價值存在困難，信息可靠性相對早已為使用者們熟悉的減值損失來說要低。第三，外幣匯兌損益在2008年更受關注，並且，在樣本公司附註中可以看到，披露匯兌損益的企業占到總樣本的一半以上，且金額比重呈上升趨勢。這和2008年金融環境及匯率有一定關係，但是可以看出報表使用者對外幣業務的重視程度在提高。

上述實證結果驗證了假設4-5，雖然三項內容並不都與股價變動相關，但傳統的資產減值準備的預測能力相對最強；同時，筆者通過可決系數的比較發現，在利潤表中的未實現收益項目較股東權益變動表與企業價值顯著相關關係更強。

本章的實證研究結果為綜合收益報告的完善提供了重要的數據基礎。可以看出，企業執行新會計準則初期，財務報告所披露的綜合收益信息還是具備相關性的，但顯著性不夠，這在一定程度上說明收益報告的改革初見成效，同時暴露出了一系列問題，特別是在綜合收益信息的列報和信息披露上。那麼，在新會計準則持續應用過程中，綜合收益信息的又會產生如何的會計變革呢？本書將通過後續章節繼續探索。

5 其他綜合收益列報現狀的探索

中國對綜合收益在利潤表上的列報要求從 2009 年 1 月 1 日才開始執行，由於時間尚短，各上市公司的綜合收益報告不可能面面俱到，加上現有準則的相關規定並不明確以及審計師的疏忽，導致綜合收益的列報和披露不可避免地存在一些問題。利潤表上單獨列示了其他綜合收益一項，且明細項目在附註中逐步體現。那麼列示情況如何呢？是否比本書初探所得要更為規範、完善呢？本章將採用上市公司 2009 年到 2012 年的年報數據進行分析，探析目前中國上市公司在對其他綜合收益列報過程中存在的問題，為綜合收益的會計改革提供基礎與建議。

5.1 數據來源與樣本選擇

初探時發現，2007 年綜合收益信息的相關披露效果不顯著，因此，本章在研究時，選取了 2008—2012 年在上海證券交易所和深圳證券交易所上市的 A 股上市公司經審計的年報數據作為研究對象，數據主要來自於 CSMAR 數據庫、巨潮資訊網、深圳證券交易所網站及上海證券交易所網站，通過收集和整理，初選樣本 4,176 個。同時，按以下原則對樣本公司進行了篩選：

第一，為了避免異常值的影響，剔除在樣本期間內被 ST、＊ST、SST 的公司。第二，考慮到被出具非標審計意見的公司的股價有失公允，剔除審計意見為非標的樣本數據。第三，剔除其他綜合收益金額為零的公司。第四，剔除缺失數據的公司。篩選後得到了 3,521 個有效觀測值，占剔除前的 84.3%。

根據 2009 年財政部發布的《財政部關於執行會計準則的上市公司和非上市公司做好 2009 年年報工作的通知》（以下簡稱「第 16 號文」）規定，所有者權益變動表刪除「三、本年增減變動金額（減少以『－』號填列）」項下的「（二）直接計入所有者權益的利得和損失」項目及所有明細項目；增加「（二）其他綜合收益」項目，反應企業當期發生的其他綜合收益的增減變動情況。這項規定也說明其他綜合收益始終存在於中國的財務報表中，只是換了一個術語。因而，在沒有引入綜合收益的概念以前，其他綜合收益是以「直接計入所有者權益的利得和損失」形式列示的。故 2008 年的其他綜合收益的數據取自當年所有者權益變動表中的直接計入所有者權益的利得和損失。

5.2 其他綜合收益及明細項目應用情況描述

本章採用統計匯總和描述分析的方式，對 2008—2012 年間披露了其他綜合收益的上市公司數量按照其明細項目進行分年度統計分析。5 個明細項目分別為：可供出售金融資產公允價值變動（AVI）、按照權益法核算的在被投資單位其他綜合收益中所享有的份額（EQU）、現金流量套期工具產生的利得（損失）金額（HEDG）、外幣財務報表折算差額（FCC）及其他（OTHER）。

表 5-1　　　　　　　　　樣本分佈表　　　　　　單位：家

年度	OCI	AVI	EQU	FCC	HEDG	OTHER
2008	559(100%)	323(57.8%)	176(31.5%)	214(38.3%)	18(3.2%)	125(22.4%)
2009	601(100%)	333(55.4%)	188(31.3%)	245(40.8%)	24(4.0%)	138(23.0%)
2010	622(100%)	324(52.1%)	174(28.0%)	305(49.0%)	30(4.8%)	94(15.1%)
2011	813(100%)	391(48.1%)	206(25.3%)	459(56.5%)	43(5.3%)	94(11.6%)
2012	926(100%)	444(47.9%)	231(24.9%)	524(56.6%)	52(5.6%)	91(9.8%)

首先，如表 5-1 中的 OCI 數據所示，披露有其他綜合收益總額的公司數量呈逐年上升的趨勢，從 2008 年的 559 家公司增長到 2012 年的 926 家公司，增幅達 65.7%。這說明越來越多的公司開始重視、應用並披露其他綜合收益信息，同時也反應了投資者對綜合收益信息披露的需求越來越迫切。換言之，為滿足投資者的信息需求，公司有動力去披露其他綜合收益信息，以改善會計信息的透明度。

其次，從明細項目上看，五年間，披露了可供出售金融資產的公允價值變動（AVI）和外幣報表折算差額（FCC）的公司數量呈逐年上升的趨勢，後者增幅相對較大，兩者占其他綜合收益列報數量的最大比重。這說明，雖然在新會計準則執行初期，AVI 的披露占主要部分，但隨著執行力度的加大和應用成熟度的提高，其他明細項目也在逐步規範。可見，第一，雖然有越來越多的公司通過非經營活動來獲取收益，但是它們逐步把放在可供出售金融資產上的投資中心進行了分散，如境外投資。第二，2008 年，有超過半數的公司（57.8%）從事有關可供出售金融資產的交易活動，到了 2012 年該比例則降到了 47.9%，這很可能是受到中國長期以來股市低迷狀況的影響。①股票市場的不景氣使得越來越多的投資者對股票市場失去信心，

---

① 源於騰訊財經「中國股市長期低迷調查」。

加上金融環境的不確定性和可供出售金融資產本身不能隨時變現，導致很多的投資者不敢輕易對可供出售金融資產「下手」。第三，外幣報表折算差額（FCC）比重大幅上漲的形勢表明，越來越多的公司將目標轉向了境外，開始重視對境外的投資，開拓國外市場，注重實體經濟，為公司的長遠發展奠定基礎。

再次，披露了「其他（OTHER）」的公司數量呈逐年下降趨勢，且隨著總體披露其他綜合收益公司數量的增加，其所占的比重的下滑趨勢更是明顯，由2008年的22.4%降至2012年的9.8%。「其他」作為其他綜合收益的組成部分，最容易「藏污納垢」，因為這一項目並沒有指明數據的出處來源，為那些想要非法牟利和操縱利潤的管理層提供了可乘之機，影響了會計數據的決策有用性。這說明上市公司對「其他」項目的披露正逐步規範，不再是一味堆積金額而不知所蹤。這在一定程度上歸功於財政部、銀監會、證監會等部門監管力度的加強和註冊會計師審計質量的提高，披露情況相對新會計準則執行初期有了明顯的改善。

可見，大多數上市公司通過從事可供出售金融資產的相關交易或從事境外投資來獲取未實現利得和損失，兩者對公司整體收益影響逐步增大，在一定程度上也影響了投資者對企業未來現金流和價值變化的預期。看來，對其他綜合收益明細項目列報方式的進一步研究是有必要的，本書將在下一章節進行再探。

5.3 其他綜合收益列報中存在的問題分析

雖然其他綜合收益的應用在量上得到了提高，但在其質的方面是否也能同步？本章通過對樣本的進一步查探，發現部分

上市公司在其他綜合收益列報方面存在一些問題，影響了其信息列報的完整性和準確性，主要體現在以下五個方面。

5.3.1　報表間存在勾稽不符的問題

分析發現，部分上市公司合併利潤表中的其他綜合收益數據與合併所有者權益變動表中的數據存在不符的現象。如青島海信電器（600060 的 2011 年年報數據）、特變電工（600089 的 2010 年數據）、有研半導體材料（600206 的 2011 年數據，其在合併利潤表中的本年數據為-70,910.93 元，而在所有者權益變動表中的數據卻為 0）、長江精工鋼結構（集團）（600496 的 2011 年數據，其在合併利潤表中的本年和上年數據為 420,252.35 和-551,852.52 元，而在所有者權益變動表中的數據卻都為 0）、北京萬通地產（600246 的 2011 年數據，合併利潤表中其他綜合收益的數據為-2,304,350 元，而合併所有者權益變動表中的數據卻為 0）、上海紫江企業集團（600210 的 2011 年數據）、南京紡織品進出口股份有限公司（600250 的 2011 年數據）、中文天地出版傳媒股份有限公司（600373 的 2010 年數據）、青海賢成礦業（600381 的 2011 年數據）、方大炭素新材料科技（600516 的 2011 年數據）、康佳集團（000016 的 2012 年數據，合併利潤表中其他綜合收益的數據為 78,068.05，而合併所有者權益變動表中的數據卻為-340,694.57）、渤海租賃（000415 的 2012 年數據）、安徽荃銀高科種業（300087 的 2012 年數據）。

更有甚者，數據混亂交叉，讓人完全摸不著頭緒，不知道數據以何處為準。如北汽福田汽車（600166 的 2011 年數據）的合併利潤表中的其他綜合收益的本年數據和上年對比數據分別為-71,456,268.52 和 49,006,137.87，合併所有者權益變動表中的數據為-71,296,738.41 和 48,815,148.71。然而在附註中對數

據進行說明時，列報的其他綜合收益明細項目的合計數分別為-71,456,268.52 和 48,815,148.71。又如特變電工（600089 的 2011 年數據）在合併利潤表中其他綜合收益的本年數據和上年對比數據分別為 0 和-206,700,086.25；而合併所有者權益變動表中的數據為 26,313,475.50 和-192,801,915.74，其中歸屬於母公司所有者權益下的資本公積數額為 45,154,046.40 和-206,703,741.59。而附註中對其他綜合收益進行說明時的明細項目合計數分別為 26,715,080.35 和-206,700,086.25。這樣的混亂、交叉，著實令報表使用者深感困惑。

還有部分上市公司的報表數據和附註中的數據出現了不相等的現象。如中炬高新技術實業（集團）（600872 的 2011 年數據）的「其他綜合收益」總額在合併利潤表和所有者權益變動表中均為-8,846,028.34，但在附註中的列示數據卻是-7,877,606.34，也無任何解釋和說明，讓人疑惑。

值得關注的是，在這些報表勾稽關係存在問題的企業中，大部分公司（以上列示）的附註都對合併利潤表中的數據而沒有對所有者權益變動表中的數據進行說明。如上述的有研新材料股份有限公司（600206）、長江精工鋼結構（集團）（600496）、渤海租賃股份有限公司（000415），雖然其合併所有者權益變動表中的數據均為 0，但是附註都是依據合併利潤表中的數據進行說明的。綜上所述，上市公司對利潤表的列報關注遠遠高於所有者權益變動表，其原因可能是目前大多數信息使用者重「利潤」。這種對所有者權益變動表不關注的態度，導致了企業對數據管理不嚴、列報隨意現象的出現。

5.3.2　所有者權益變動表列報格式有誤

筆者分析發現，部分上市公司沒有按照財政部 2009 年發布的「第 16 號文」規定實施列報修改，而是繼續採用過去的做

法，在所有者權益變動表中列示「直接計入所有者權益的利得和損失」，而非「其他綜合收益」項目，這在一定程度上影響了列報格式的規範性。如中體產業集團（600158 的 2011 年數據）、上海蘭生（600826 的 2009 年數據，其 2011 年數據已經按照規範的模式進行了改正）、內蒙古時代科技（000611 的 2009 年數據，但是其 2011 年數據已經按照規範的模式進行了改正）。

另有部分公司的合併所有者權益變動表既沒有按照「第 16 號文」的規定進行列示，也沒有採用過去的模式，而是建立了一個獨具特色的報表。如中國石油天然氣集團公司（601857 的 2011 年數據）在合併股東權益變動表中，以「綜合收益總額」開頭，接著列示了專項儲備—安全生產費、利潤分配、其他權益變動等 3 個項目，並沒有列示淨利潤和其他綜合收益項目。

5.3.3 附註缺乏完整度

分析發現，雖然大部分上市公司都有在附註中對其他綜合收益的具體項目進行了詳細的解釋說明，但是仍存在一些公司有金額無附註列示的情況。如包頭明天科技（600091 的 2011 年數據）、河南天方藥業（600253 的 2011 年數據）、西藏天路（600326 的 2011 年數據）、深圳市金證科技（600446 的 2011 年數據）、株洲時代新材料科技（600458 的 2011 年數據）、廈門法拉電子（600563 的 2011 年數據）、長春高新技術產業（集團）（000661 的 2011 年數據）、深圳中國農大科技（000004 的 2011 年數據）、北京萬通地產（600246 的 2011 年數據）、陽光新業地產（000608 的 2012 年數據）、樂視網信息技術（300104 的 2012 年數據）、深圳香江控股的（600162 的 2012 年數據）。如果沒有附註對其他綜合收益進行說明，那麼這些未實現的利得（損失）從何而來就無從得知，造成留存數據出處不明的現象。

還有部分上市公司雖然在附註中列示了「其他綜合收益」

項目，但是並沒有按照「第 16 號文」的規定以表格的形式進行闡釋，而是以幾句簡單的文字帶過，如金發科技股份有限公司（600143 的 2011 年數據）在附註中對其他綜合收益進行說明時，只列示了其他綜合收益系反應本公司根據企業會計準則規定未在損益中確認的各項利得和損失扣除所得稅影響後的淨額。綜合收益總額系反應本公司淨利潤與其他綜合收益的合計金額，這對解釋該公司其他綜合收益數據並沒有實質性意義。

又如，部分上市公司在合併利潤表中的「其他綜合收益」項目下單獨列示「歸屬於母公司所有者的其他綜合收益」項目和「歸屬於少數股東的其他綜合收益」項目，但是在附註中對其他綜合收益進行說明時，只解釋了母公司的數據，而沒有對合併利潤表中的其他綜合收益數據進行說明。如中體產業集團（600158 的 2011 年數據），上海陸家嘴金融貿易區開發（600663 的 2011 年數據）均出現了類似的問題。這些公司在附註中對其他綜合收益進行說明時，只對母公司的其他綜合收益進行分項的具體說明（由可供出售金融資產產生的損失和按照權益法核算的在被投資單位其他綜合收益中所享有的份額兩項組成），而對那些歸屬於少數股東的其他綜合收益只是一筆帶過，沒有做具體闡述，導致最終的其他綜合收益並沒有得到完整的解釋。

5.3.4　附註列報格式缺乏規範性

根據「第 16 號文」的規定，其他綜合收益的明細項目應當在附註中按表 5-2 所示格式和內容進行列報，並按規定分為 5 類。

表 5-2 「第 16 號文」規定的其他綜合收益在附註中的披露格式

項目	本期發生額	上期發生額
1. 可供出售金融資產產生的利得（損失）金額		
減：可供出售金融資產產生的所得稅影響		
前期計入其他綜合收益當期轉入損益的淨額		
小　　計		
2. 按照權益法核算的在被投資單位其他綜合收益中所享有的份額		
減：按照權益法核算的在被投資單位其他綜合收益中所享有的份額產生的所得稅影響		
前期計入其他綜合收益當期轉入損益的淨額		
小　　計		
3. 現金流量套期工具產生的利得（或損失）金額		
減：現金流量套期工具產生的所得稅影響		
前期計入其他綜合收益當期轉入損益的淨額		
轉為被套期項目初始確認金額的調整額		
小　　計		
4. 外幣財務報表折算差額		
減：處置境外經營當期轉入損益的淨額		
小　　計		
5. 其他		
減：由其他計入其他綜合收益產生的所得稅影響		
前期其他計入其他綜合收益當期轉入損益的淨額		
小　　計		
合　　計		

　　分析發現，依舊有部分上市公司並沒有按照以上規定的形式進行列報，如河南瑞貝卡發製品（600439 的 2011 年報表）的列報如表 5-3 所示，中興通訊（000063 的 2012 年報表）的列報如表 5-4 所示，還有新希望（000876 的 2011 年數據）、天津經緯電材的（300120 的 2011 年數據）、南寧糖業（000911 的 2011

年數據)、深寶實業（000019 的 2012 年數據）也出現了類似的問題。雖然簡單易懂，但其格式還是缺乏了規範性。

表 5-3　河南瑞貝卡發製品 2011 年報表附註上對其他
綜合收益的披露　　　　　　　　　單位：元

項目	期初額	本期增加	本期減少	本期轉入損益	企業所得稅	期末額
外幣報表折算差額	-52,927,816.86	-40,900,003.69				-93,827,820.55
合計	-52,927,816.86	-40,900,003.69				-93,827,820.55

表 5-4　中興通訊 2012 年報表附註上對其他綜合收益的披露
　　　　　　　　　　　　　　　　　　單位：元

其他綜合收益：

	2012 年	2011 年
套期工具公允價值變動	(12,736)	(4,120)
可供出售金融資產公允價值變動	30,792	
自用房產轉為投資性房地產轉換日評估增值	792,769	
外幣報表折算差額	(52,445)	(346,067)
	758,380	(350,187)

如表 5-3 和表 5-4 所示，上市公司對其他綜合收益的明細分類有一定的隨意性。這可能源於其無法將內容歸入表 5-2 中的五項當中，如「大股東無償支付的利潤補差款」「拆遷補償收益」「節能技術改造補償款」等項目。本書建議，如遇無法歸類的項目，可以列入「其他」，並在附註中補充說明具體內容，完善列報的規範性和完整程度。

此外，根據「解釋第 3 號」中的規定：企業應當在附註中詳細披露其他綜合收益明細項目及其所得稅影響。然而部分上市公司在附註中只按照其他綜合收益總額計算了所得稅影響，

沒有分項列示，這就導致了數據具有一定模糊性，如表5-5所示。

表5-5 天津勸業場2011年報表附註上對其他綜合收益的披露

單位：元

42. 其他綜合收益

項目	本期數	上期數
1. 可供出售金融資產		
加：當期利得（損失）金額	−79,617.60	−164,707.20
減：前期計入其他綜合收益當期轉入利潤的金額	0.00	2,800,000.00
2. 按照權益法核算的在被投資單位其他綜合收益中所享有的份額	0.00	0.00
3. 現金流量套期工具	0.00	0.00
加：當期利得（損失）金額	0.00	0.00
減：前期計入其他綜合收益當期轉入利潤的金額	0.00	0.00
當期轉為被套期項目初始確認金額的調整額	0.00	0.00
4. 境外經營外幣折算差額	0.00	0.00
5. 與計入其他綜合收益項目相關的所得稅影響	−19,904.40	−741,001.80
6. 其他	0.00	0.00
合計	−59,713.20	−2,223,705.40

5.3.5 列報存在填寫錯誤

分析發現，部分上市公司在編製財務報表時，出現列報存在填寫錯誤的現象，主要表現為漏填、錯填、填錯位置或計算錯誤等。如美克國際家具（600337）的2011年合併利潤表中其他綜合收益的金額為−13,455,338.69，而淨利潤和綜合收益都為196,391,356.57。說明報表編製者未將其他綜合收益的金額納入綜合收益總額的計算中。同時，在上期比較數據即2010年的數據中，合併利潤表中其他綜合收益一欄為空，而淨利潤為120,568,223.53，綜合收益總額卻為115,948,792.58。本書經過

查證，發現該公司在2010年度是有其他綜合收益金額的，數額為-4,619,430.95。這點可以從合併所有者權益變動表中找出。顯然，出現這種現象的原因可能是公司管理層在編製財務報表時或審計人員在審計時不夠細心，導致數據遺漏所致。這就需要管理層和註冊會計師在編製財務報表和審計時保持足夠的謹慎態度，才能避免這樣的疏漏發生。

又如特變電工（600089的2011年數據），在合併利潤表中其他綜合收益為0，其綜合收益總額等於淨利潤數額，而在附註和合併所有者權益變動表中，其他綜合收益數值為26,715,080.35。

再如中炬高新技術實業（集團）（600872的2011年數據），綜合收益的列報存在較大的疏漏。在2011年合併利潤表中，其將上年比較數據即2010年的其他綜合收益填寫為錯誤的金額52,604,582.78，實則為-32,859,046.31，在合計綜合收益的數額時，導致合併利潤表中的綜合收益數額有了大幅度的過高的差異。經調查發現，52,604,582.78為2009年的其他綜合收益，一個疏漏，導致綜合收益的數額發生了很大的異常。經查證，在合併所有者權益變動表中不存在這樣的問題。說明這很可能是由報表編製者的疏忽造成的狀況，而不是蓄意為之的後果。

綜上所述，隨著新會計準則應用的成熟度提高，中國上市公司在綜合收益列報方面還存在較多問題，若不及時進行糾正，完善格式、內容的準確性與規範性，有可能會導致綜合收益信息列報方式混亂的現象愈演愈烈，最終使綜合收益及其列報的價值無法得到體現，其決策有用性無法得到有效運用。那麼，就現有的列報情況，其會計信息含量與相關性又如何呢？本書將在下一章就綜合收益的會計改革進行再探。

6 綜合收益再探——基於信息含量及列報的實證研究

在初探綜合收益時，本書發現，雖然綜合收益總額或其明細項目並不具有較強的信息含量，但其對市場已經產生了一定的影響。隨著在利潤表上列示「其他綜合收益」金額，和在附註中進一步進行披露，其應用程度有所增強，但仍缺乏準確性和規範性，暴露出一些問題，說明有進一步改進的必要性。那麼，增加了披露透明度的綜合收益信息是否具有更強的信息含量？其他綜合收益的明細項目是否隨著在附註中列示具有了更高的價值相關性呢？本章將繼續上一章的分析，對綜合收益進行再探。本章在研究時，在第五章所建立的數據樣本上，加入個股年報披露日前後三天的平均收盤價形成本章的研究樣本，使用 Stata 11.0 軟件進行分析。

6.1 綜合收益的信息含量研究

6.1.1 研究假設

相比傳統的會計盈餘，綜合收益更接近經濟收益，其反應

的是企業已發生的全部經濟交易、事項、情況所帶來的權益變動。傳統的會計盈餘只能反應已實現的收益，不能反應未實現的收益項目，因而不能滿足信息使用者對會計信息逐漸提高的要求。

會計盈餘是以傳統的「收入費用觀」來確認收益的，在物價穩定、交易多為有形的生產經營活動的環境下，其包含的收益信息能夠較好地反應企業實際的業績狀況。但是當交易進一步複雜、資產計價打破歷史成本而引入公允價值、通貨膨脹成為經濟常態時，以實現原則為基礎計算的收益就與收益的本來意義失去了一致性。因而，迫切需要一項既能切實反應企業的價值變動，又能不放棄客觀的實現原則的項目，綜合收益由此應運而生。

綜合收益涵蓋的內容比會計盈餘更廣泛，不僅包括了淨利潤，而且包括了其他綜合收益。這兩項內容的組成，使得綜合收益不僅能夠反應企業已經實現的損益，還能夠反應企業未實現的利得和損失。2007年，新會計準則全面執行，綜合收益的概念得到啟用，其比淨利潤為投資者提供了更全面、準確的信息，能夠增進財務報告的完整性和有用性。在本書對綜合收益進行初探時，並未發現其具有較淨利潤更多的信息含量，但隨著新會計準則的成熟使用，有學者（卡娜加什曼、馬修和什哈達，2005；趙自強、劉珊汕，2009）發現綜合收益能夠為信息使用者提供比淨利潤更多的信息含量。隨著2009年綜合收益概念的正式引入，綜合收益的信息逐漸為人們所認識和接受，其涵蓋內容的全面性和公允性將會逐漸被投資者重視。投資者不再僅僅關注那些已實現的利得和損失，而是逐漸將注意力轉向能公允地反應企業價值的綜合收益，並將綜合收益作為其進行估值判斷的強有力的信息支撐。基於此，本節提出假設6-1。

假設6-1：綜合收益的信息含量逐年增強。

本節將以 2009—2012 年四年的數據為樣本進行研究。因為在 2009 年，中國企業才被要求在報表上列示「其他綜合收益」和「綜合收益」的金額。在 2007—2008 年，其他綜合收益是在所有者權益變動表中「直接計入所有者權益的利得（損失）」項目中列示和體現，當時還沒有明示「綜合收益」這一概念，也沒有足以替代其涵蓋內容的特定項目，投資者缺乏對這一數據的認知，因而在對「綜合收益」總額進行信息含量研究時，只取 2009 年以後的數據。

6.1.2　模型設計與變量說明

6.1.2.1　模型設計

在再探環節中，本書依舊基於奧爾森（1995）的剩餘收益模型①來構建基本價值模型（6.1）。

$$P_{it} = \beta_0 + \beta_1 \text{EPS}_{it} + \beta_2 \text{BVPS}_{it} + \varepsilon \qquad (6.1)$$

其中，P_{it} 為樣本 i 在 t 期的股票價格；EPS_{it} 為樣本 i 在 t 期的每股收益；BVPS_{it} 為樣本 i 在 t 期的每股淨資產的帳面價值，表示「每股淨資產」，等於「淨資產/普通股股數」。

本節在第四章模型構建的基礎上，參考其他學者的研究，對模型（6.1）進行了修正，增加了控制變量，構建了模型（6.2），以驗證假設 6-1。

$$\bar{P}_{it} = \beta_0 + \beta_1 PCI_{it} + \beta_2 BVPS_{it} + \beta_3 RATIO_{it} + \beta_4 TSP_{it} + \varepsilon \qquad (6.2)$$

其中，$\bar{P}_{it}$ 是因變量，表示平均股價，是報表公布日前後三天的平均股票收盤價。PCI_{it} 表示「每股綜合收益」，等於「綜合收益除以流通股數」。$BVPS_{it}$ 為樣本 i 在 t 期的每股淨資產的帳面

---

① $P_t = BV_t + \sum_{i=1}^{\infty} R_f^{-i} E_t [X_{t+i}^a]$

價值，在此模型中作為控制變量。控制變量 $RATIO_{it}$ 是樣本公司 i 在 t 期的資產負債率，等於「負債總額/總資產」。控制變量 TSP_{it} 是樣本公司 i 在 t 期的流通股比率，等於「A 股流通股數/總股本」。

6.1.2.2 變量說明

表 6-1　　　　　　　　　變量列表

變量類型	變量名稱	變量符號	備註
因變量	平均股票價格	$\overline{P}$	樣本公司年報公布前後 3 天平均收盤價
自變量	每股綜合收益	PCI	綜合收益/流通股數
控制變量	每股淨資產	BVPS	淨資產/普通股股數
	資產負債率	RATIO	負債總額/總資產
	流通股比例	TSP	流通股數/總股本

（1）因變量。

如表 6-1 所示，因變量為股票收盤價 $\overline{P}_{it}$，並調整了時間窗口，由初探時的前後 5 日，縮減到了前後 3 日 [-3, 3]，即根據各公司年報披露日前後 3 天的平均日收盤價作為因變量。若這 7 天中某一天未交易，則時間窗口向前或向後遞延，以保證取滿 7 個交易日的收盤價。

（2）自變量。

本節旨在探究綜合收益的信息含量，並對其分年度進行趨勢比較。因而以用於衡量每股綜合收益的變量 PCI_{it} 作為自變量進行研究。之所以沒有直接使用 CI，即綜合收益總額的絕對數，是因為雖然目前還沒有每股綜合收益的指標，但是由於模型中的變量使用了相對數，為保持匹配，特將「綜合收益/流通股數」引入模型，否則，採用綜合收益總額作為自變量，會導致

得出的系數過小而使結果不易被觀察。同時，以流通股數作為除數是為了更好的檢驗綜合收益的市場反應程度而使用。

（3）控制變量。

①每股淨資產（$BVPS_{it}$）。引入每股淨資產，考慮了所有者權益帳面價值的影響。一方面，只有它才能囊括企業分散披露的未實現損益，更具有說服力；另一方面，由於企業淨資產代表著最終能歸屬於股東資產的帳面價值，與股價變動的相關性更高，從而提高模型的擬合優度。

②資產負債率（$RATIO_{it}$）。資產負債率是總負債除以總資產的百分比，反應總資產中有多大比例是通過負債取得的。它代表償債能力，可衡量企業清算時對債權人利益的保護程度。當企業資產負債率越高時，收益中歸屬於債權人的部分越多，股東的留存收益就越少，很可能導致上市公司的市場價值越低，定價功能差，反之亦然。

③流通股比例（TSP_{it}）。根據市場供求原理，當對某商品的需求量保持在某一水平時，供給量的增加會導致該商品價格的下降。因此，當上市公司總股本中可流通的股本較小，即股票的流通股比例較小時，可能會導致該公司的股票供不應求，引起股價的上升；反之亦然。因而，可以說流通股比例高低會對公司的股價產生負向影響。

6.1.3 實證結果

6.1.3.1 自變量的描述性統計

如表6-2所示，2009年，PCI的p1分位數為-0.826，p99分位數為8.718，表明綜合收益波動幅度較大。結合表4-4，可發現，隨著時間的推移，狀況有所改變，綜合收益的波動幅度逐年減小，到2012年時，PCI的p1分位數為-1.080，p99分位數為5.268，第九十九百分位數只比第一百分位數高出6.348，

波動幅度達到最小。同時，PCI 標準差的逐年下降，進一步說明了每股綜合收益 PCI 的整體樣本對樣本平均數的離散程度逐年降低，每股綜合收益的波動性減小，其金額變動趨於穩定。

表 6-2　　模型（6.2）自變量 PCI 的描述性分析

年度	2009	2010	2011	2012
均值	1.047	0.99	0.875	0.769
中位數	0.546	0.534	0.463	0.403
標準差	2.173	2.405	1.661	1.433
p1	−0.826	−1.137	−0.685	−1.08
p99	8.718	6.845	6.115	5.268
樣本數	601	622	813	926

註釋：p1 表示第一百分位數，p99 表示第九十九百分位數。

值得關注的是，2009—2012 年 PCI 的均值逐年降低，這很可能是受到宏觀經濟環境的影響所致。由於受到歐債危機及國內宏觀經濟下滑的影響，導致各公司的業績有所下降，這反應在了企業淨利潤和未實現損益的綜合收益呈下降趨勢上。

6.1.3.2 迴歸結果分析

根據模型（6.2），本節對樣本數據進行了 2009 年至 2012 年的分年度截面迴歸，這是因為 2009 年的年報首次對綜合收益進行了正式的披露，之前的數據結果可參考第四章初探的相關研究。迴歸結果如表 6-3 所示。

表 6-3　　　　模型（6.2）的迴歸結果

	2009 年	2010 年	2011 年	2012 年
β_0	11.41***	11.65***	5.851***	9.607***
PCI	0.527***	0.886***	1.229***	2.877***
BVPS	1.921***	2.600***	1.550***	0.194***

表6-3(續)

	2009年	2010年	2011年	2012年
RATIO	-4.703**	-12.51***	-8.130***	-7.023***
TSP	-2.239*	-0.950	1.920*	2.035*
N	601	622	813	926
Adj-R2	0.338,3	0.445,7	0.427,6	0.231,3

註釋：***、**、*分別表示在1%、5%、10%水平下顯著。本表已通過異方差檢驗。

迴歸結果顯示，每股綜合收益（PCI）與股價呈顯著的正相關關係，且其系數逐年增大，均在1%水平下顯著，這說明隨著綜合收益在利潤表上的列報，其作為業績信息的內涵逐漸為信息使用者所認識。PCI在2009年的系數為0.527，在2012年上升到了2.877。可見，綜合收益剛開始在利潤表中披露時，對於剛接觸這一概念的投資者而言，往往覺得陌生，加之其宣傳力度不大、內容複雜，從而無法引起投資者的關注。但隨著時間的推移，人們對綜合收益的理解和認識逐漸加深，其展示出能夠幫助投資者預期企業未來現金流和進行價值判斷的作用，因而逐步地得到了重視與反應，這也說明綜合收益的信息含量逐年增強，驗證了假設6-1。

此外，從整體迴歸效果來看，調整的可決系數 $Adj-R^2$ 在2009—2011年呈總體上升趨勢，而到了2012年急遽下降，這是由於受到了宏觀經濟環境的影響。2011年A股的走勢令投資者失望[1]，然而，2012年的A股市場整體仍呈回落趨勢，導致在2011年年底本來還對股市抱有希望的投資者到2012年也開始持

---

[1] 搜狐財經2011年股市大跌億萬股民心碎，怎一個慘字了得 http://business.sohu.com/20111225/n330173032.shtml.

悲觀態度①，對股市失去信心，不能理性地依靠財務信息來對企業價值進行分析判斷，而是更多地依賴非財務信息進行投資決策。受宏觀環境的影響，導致財務信息對股價的整體解釋力在2012年大幅度下降，只有23.13%。然而這並不影響綜合收益同時涵蓋企業已實現損益和未實現損益，能為投資者提供增量信息、降低投資者的估值成本、幫助投資者做出投資決策的價值。

就控制變量而言，首先，每股淨資產 BVPS 的系數都是顯著為正的，且都在1%水平下顯著，這說明每股淨資產與股價有正相關關係。因為每股淨資產反應的是公司的淨資產價值，是支撐股價的重要基礎。BVPS 越大，表示公司每股股票代表的財富越雄厚，這樣的公司往往創造利潤的能力和抵禦外來因素影響的能力就越強。其次，資產負債率 RATIO 的系數都是負的，且都在1%水平上顯著，說明公司的資產負債率越高，往往其股價會越低，這是因為資產負債率越高，需要償還的債務越多，公司面臨的財務風險越大，市場定價就越低。最後，流通股比例 TSP 的系數在2009年和2010年為負，是符合市場供求原理的。市場上流通的股票數量過多，會導致股價的降低，公司常常通過發行股票的方法降低股價，或是通過回購股票的方法使股價提高。因而，在正常情況下，流通股比例與股價是呈負相關關係的。然而，在2011年和2012年，股市的下跌，使得這種規律被打破。在一般情況下，流通股過多會導致股價下跌，然而在連續兩年股市持續低迷的情況下，公司仍發行較多的流通股而不是急於解決股價下跌的危機，在一定程度上使得投資者願意

---

① 這也就解釋了為什麼2011年的 R^2 是正常的。因為雖然2011年開始股市下跌，但是投資者還希望2012年會反彈，還是抱有希望的，然而到了2012年股市仍沒有得到回升，使得多數投資者都開始失去信心，從而不能理性做出決策。

相信其具有較強的經濟實力來應對環境的變化。

綜上所述，本節通過實證研究再探了綜合收益的信息含量問題，迴歸結果顯示每股綜合收益的系數和顯著性逐年遞增，這說明了綜合收益的信息含量正在不斷提高，因而有必要對綜合收益進行更深入的探討。目前，根據表5-1所示，中國披露綜合收益的公司是越來越多，其中，占其他綜合收益比重最大的兩個明細項目分別是可供出售金融資產公允價值變動和外幣財務報表折算差額，因而，在分析其他綜合收益信息時，可以對這兩個明細項目給予更多的關注。接下來，本章將換一個研究角度，圍繞其他綜合收益的列報位置和內容進行深入分析。

6.2 其他綜合收益的列示位置研究

6.2.1 研究假設

在傳統的利潤表中，淨利潤和每股收益一直是投資者主要關注的收益信息。然而，還存在一些收益信息是一直為投資者所忽視的，那就是其他綜合收益。其他綜合收益反應的是企業未實現的利得（損失），它能夠幫助投資者預期企業未來的現金流和價值變化，進而做出理性的投資決策。鑒於此，如果其他綜合收益信息能夠為投資者所認識和理解，就能更好地幫助投資者對企業價值進行更加公允的判斷，從而對股票的市場定價做出估計，並做出投資決策。

新會計準則執行初期，「其他綜合收益」列示在所有者權益變動表中的「直接計入所有者權益的利得和損失」項目下，而所有者權益變動表對報表使用者而言往往覺得晦澀難懂，且其內容又不如淨利潤一般體現了大多數人最關心的公司業績，因

此並不受投資者關注。

那麼，將其他綜合收益放在利潤表中列示，是否就能提高人們對其的重視程度呢？最先對綜合收益列示位置進行研究的學者是赫斯特和霍肯金斯（1998），其以實驗研究的方法證明了以損益表格式對綜合收益進行列報能夠提高信息的透明度的結論。本書認為，利潤表作為信息使用者最關注的一張報表，其包含的信息都會引起一定程度的重視，特別是在其中單列一項「其他綜合收益」，必能令信息使用者明顯意識到可能存在另一項比淨利潤涵蓋範圍更廣的反應公司價值變動的項目，逐步讓人們接受淨利潤和其他綜合收益之和的概念：綜合收益，從而變革投資者對公司價值的認知，通過股價反應人們對公司業績的新認識。

2009年，中國企業被要求在利潤表中列示其他綜合收益和綜合收益的金額，這體現了中國對綜合收益信息的重視程度正在不斷提高，也使中國會計準則向國際化接軌邁進了一步。同時也從側面反應了在利潤表中列示綜合收益信息能夠比在所有者權益變動表中列示為信息使用者帶來更高的信息含量。綜合以上分析，結合中國制度背景，提出本書第七個假設。

假設6-2：其他綜合收益在利潤表中列示，將比在所有者權益變動表中列示具有更高的信息含量。

6.2.2 模型設計

由於中國在2009年正式引入綜合收益概念，並要求在利潤表中對其進行列示，這就有了研究的契機。以2009年為分界，對比前後年度其他綜合收益信息對股價的影響程度是否發生了變化，就可以檢驗在利潤表中列示綜合收益信息是否會比在所有者權益變動表中列示，給信息使用者帶來更多的信息含量。為此，本節在模型（6.2）的基礎上，將自變量 PCI 替換為每股

收益 EPS 和每股其他綜合收益 $POCI$，$POCI_{it}$ 表示上市公司 i 在 t 期的每股其他綜合收益，等於其他綜合收益/流通股數，控制變量不變，得到模型（6.3）。

$$\bar{P}_{it} = \beta_0 + \beta_1 EPS_{it} + \beta_2 POCI_{it} + \beta_3 BVPS_{it} + \beta_4 RATIO_{it} + \beta_5 TSP_{it} + \varepsilon \quad (6.3)$$

由於研究的是列示位置的變化，因此在模型（6.3）的基礎上，本節增加了交互效應，加入指示變量 $FORMAT$，表示「是否在利潤表呈報綜合收益」。2008 年，$FORMAT = 0$；2009—2012 年，$FORMAT = 1$。$POCI * FORMAT$ 表示《企業會計準則解釋第 3 號》政策變更的影響，由此構建模型（6.4），以驗證假設 6-2。

$$\bar{P}_{it} = \beta_0 + \beta_1 EPS_{it} + \beta_2 POCI_{it} + \beta_3 BVPS_{it} + \beta_4 RATIO_{it} + \beta_5 TSP_{it} + \beta_6 FORMAT_{it} + \beta_7 POCI_{it} * FORMAT_{it} + \varepsilon \quad (6.4)$$

6.2.3 實證結果

6.2.3.1 自變量 POCI 的描述性統計

由表 6-4 可見，POCI 在 2008 年和 2009 年的各項指標上都存在較大的反差，五年間，其均值呈現先大幅上漲，後小幅下降的情況，並在 2010 年後金額一直趨於零。標準差也呈現逐年下降的趨勢，並趨近於 0。同時，2008 年，POCI 的 p1 分位數為-5.875，p99 分位數為 0.481，表明其他綜合收益波動幅度較大，但隨著時間的推移，狀況有所改變，其波動幅度逐年減小，到 2012 年時，PCI 的 p1 分位數為-0.315，p99 分位數為 0.743，第九十九百分位數只比第一百分位數高出 1.058，波動幅度達到最小。結合表 6-2 進行分析，可發現其他綜合收益的波動幅度是小於淨利潤的波動幅度的，其變化相對穩定，受到宏觀環境的影響相對較小。

表 6-4　　　　　自變量 POCI 的描述性統計

年度	2008	2009	2010	2011	2012
均值	-0.449	0.194	-0.009	-0.071	0.023
中位數	-0.027	0.194	-0.001	-0.006	0
標準差	1.663	0.87	0.556	0.29	0.253
p1	-5.875	-0.203	-1.38	-1.439	-0.315
p99	0.481	2.716	1.584	0.315	0.743
樣本數	559	601	622	813	926

註釋：p1 表示第一百分位數，p99 表示第九十九百分位數。

6.2.3.2 迴歸結果分析

根據模型（6.3），考慮進行 POCI 列示位置變化的研究，本節對樣本數據進行了 2008—2012 年的分年度截面迴歸，根據模型（6.4），對樣本進行了 2008—2012 年的面板數據迴歸，迴歸結果如表 6-5 所示。

表 6-5　　模型（6.3）模型（6.4）的迴歸結果

$\bar{P}$	2008 年	2009 年	2010 年	2011 年	2012 年	08~12 年
	模型（6.3）					模型（6.4）
β_0	6.317***	12.90***	14.27***	9.737***	11.19***	11.38***
EPS	6.690***	11.40***	11.94***	8.539***	11.74***	11.52***
POCI	-0.096,9	-0.285	-0.242	0.865	2.120**	-0.261
BVPS	1.083***	0.668***	1.344***	0.718***	0.096,0**	0.241***
RATIO	1.232	-4.640***	-12.61***	-8.262***	-6.938***	-6.034***
TSP	-3.731***	-2.445**	-3.077**	-1.561*	-2.304**	-3.612***
FORMAT						1.866***
POCI * FORMAT						0.953***
N	559	601	622	813	926	3,521
Adj-R2	0.456,0	0.514,3	0.526,6	0.501,1	0.419,1	0.430,0

註釋：***、**、* 分別表示在 1%、5%、10% 水平下顯著。本表已通過異方差檢驗。

一方面，根據模型（6.3）的迴歸結果，2008 年至 2010 年 POCI 的系數均為負，而 2011 年之後為正，並且 2012 年 POCI 與股價在 5%水平下顯著顯著正相關。本節分析，出現這樣的情況，原因有二。第一，在 2009 年以前，中國其他綜合收益數據的獲取只能通過所有者權益變動表的「直接計入所有者權益的利得（損失）」中取得，導致該信息不受信息使用者重視，其與股價沒有顯著的相關關係。第二，中國在 2009 年 6 月發布《企業會計準則解釋第 3 號》，各公司要適應該信息由所有者權益變動表向利潤表上位置的改變，需要一定的時間。而關注公司公布的財務報表的投資者更是不可能馬上對其他綜合收益列示位置的改變做出反應，因而造成市場對此的反應有些許滯後，直到 2011 年，其對股價的正向影響才得以體現，2012 年增強。同時，擬合優度在 2008 年和 2009 年的相對顯著變化，也可說明其他綜合收益在利潤表中進行列示是能夠提供增量信息的，只是反應稍顯滯後。因而，假設 6-2 得以驗證。

值得注意的是，資產負債率 RATIO 在 2008 年的迴歸系數為正，2009 年之後為負。筆者認為這很可能是受到 2008 年金融危機的影響，貨幣值出現較大幅度的貶值，要想在這樣的經濟環境下取得借款是非常難的。在這樣的經濟形勢下，投資者會認為能夠取得借款或是保持較高比例負債的公司，其經濟實力是比較強的，從而願意對其進行投資，導致股價的上漲。

另一方面，本節以啞變量 FORMAT 和交互項 POCI * FORMAT 進一步對《企業會計準則解釋第 3 號》列報方式變更的意義進行考察。根據模型（6.4）的迴歸結果可見，FORMAT 的估計系數顯著為正，說明其他綜合收益呈報位置改變後會計信息整體的估值有用性有了顯著提升，也說明了《企業會計準則解釋第 3 號》對綜合收益呈報方式的變更起了作用，是有利於投資者進行估值判斷的。此外，POCI * FORMAT 的估

計系數為 0.953，在 1%水平下顯著，也說明了在利潤表披露其他綜合收益顯著提高了會計信息的決策有用性，假設 6-2 進一步得到驗證。

6.3　其他綜合收益的列示內容研究

6.3.1　研究假設

財務報告由財務報告主表、附表、附註及財務情況說明書等組成，如此多的信息難道真的能被投資者一一識別和理解嗎？答案是否定的。雖然根據會計信息有用性研究的經典假設，投資者能夠充分關注並且理解財務報告主表、明細、附註以及在所有其他位置公開披露的信息，但行為金融學的研究表明投資者的非理性是普遍存在的。因此，會計信息的有用性很可能受到投資者的認知能力和財務報告透明度的限制。投資者大多數將有限的精力放在財務報告主表上，而不太重視或無法重視其他的信息。有些信息使用者甚至只看報表上的數據，而對於附註的內容不予理會，這就導致了信息使用者對財務報告主表的關注度高於對附註的關注度。

中國財政部在 2009 年發布的《執行會計準則的上市公司和非上市企業做好 2009 年年報工作的通知》，要求其他綜合收益的具體組成項目要在附註中予以說明。筆者認為，這在一定程度上有助於能夠認識和理解報表附註的信息使用者對其他綜合收益的識別和理解，但普及性和透明度還不夠。如果能仿效利潤的各個明細項目，在主表上列示「其他綜合收益」的具體組成項目及金額，就能夠使信息使用者輕易地識別出其他綜合收益的來源與分量，更好地幫助投資者預測未來現金流和公司價

值變化。因而，將「其他綜合收益」明細項目列入主表，不僅可以規範未實現的利得和損失的披露方式，防止管理層對其進行操縱，也可以讓市場更好地對這些信息做出反應。本書將透過綜合收益的再探，在下一章中對其列示，進行進一步探討。

學者們對綜合收益的明細項目也有研究，加里·比德爾和崔鐘鶴（2002）通過建立股票收益的迴歸模型，對 SFAS No. 130 定義的綜合收益單個項目進行分別研究，發現區分明細項目對綜合收益進行列示，能夠比匯總披露提供更具有價值的信息。此外，康瑞瑞（2011）同時採用價格模型和收益模型來研究其他綜合收益明細項目與股票價格的價值相關性，結果表明其他綜合收益明細項目的列示增強了會計信息對股票價格的解釋力度。基於此，本節提出以下假設。

假設6-3：相比在附註中列示其他綜合收益的明細項目，在主表中列示更能對股票價格提供增量解釋力。

6.3.2 模型設計

根據中國 2009 年發布的「第 16 號文」規定，要求企業在附註中對其他綜合收益進行說明時，要按照規定的格式和內容進行披露，並給出了具體的樣板表格。該表格將其他綜合收益的項目細分為 5 個子項目，如表 5-2 所示，分別為「可供出售金融資產產生的利得（損失）金額」「按照權益法核算的在被投資單位其他綜合收益中所享有的份額」「現金流量套期工具產生的利得（或損失）金額」「外幣財務報表折算差額」以及「其他」。為了檢驗其他綜合收益這 5 個組成項目的信息含量，並探討其呈報方式，本節在模型（6.3）的基礎上進行修正，自變量 *EPS* 和控制變量不變，將自變量 *POCI* 替換為其他綜合收益的五個明細項目，並對應構建了五個模型（6.5）~（6.9），如表 6-6 所示，以驗證假設 6-3。

表 6-6　其他綜合收益明細項目列報研究模型一覽表

(6.5)	$\bar{P}_{it} = \beta_0 + \beta_1 EPS_{it} + \beta_2 PAVI_{it} + \beta_3 BVPS_{it} + \beta_4 RATIO_{it} + \beta_5 TSP_{it} + \varepsilon$
(6.6)	$\bar{P}_{it} = \beta_0 + \beta_1 EPS_{it} + \beta_2 PEQU_{it} + \beta_3 BVPS_{it} + \beta_4 RATIO_{it} + \beta_5 TSP_{it} + \varepsilon$
(6.7)	$\bar{P}_{it} = \beta_0 + \beta_1 EPS_{it} + \beta_2 PFCC_{it} + \beta_3 BVPS_{it} + \beta_4 RATIO_{it} + \beta_5 TSP_{it} + \varepsilon$
(6.8)	$\bar{P}_{it} = \beta_0 + \beta_1 EPS_{it} + \beta_2 PHEDG_{it} + \beta_3 BVPS_{it} + \beta_4 RATIO_{it} + \beta_5 TSP_{it} + \varepsilon$
(6.9)	$\bar{P}_{it} = \beta_0 + \beta_1 EPS_{it} + \beta_2 POTHER_{it} + \beta_3 BVPS_{it} + \beta_4 RATIO_{it} + \beta_5 TSP_{it} + \varepsilon$

其中，$PAVI_{it}$（6.5）為每股可供出售金融資產公允價值變動產生的利得（損失），$PEQU_{it}$（6.6）為每股按照權益法核算的在被投資單位其他綜合收益中所享有的份額，$PFCC_{it}$（6.7）為每股外幣財務報表折算差額，$PHEDG_{it}$（6.8）為每股現金流量套期工具產生的利得（損失）金額，$POTHER_{it}$（6.9）為每股其他，五個自變量的計算均由附註列示金額除以流通股股數得出。

6.3.3　實證結果

以上章節的研究已經對綜合收益進行過了分年度描述性分析，本節將重點探討其他綜合收益列示在附錄上的明細項目是否具有信息增量，因而，選取 2008 年至 2012 年五年的樣本數據進行描述性統計和面板迴歸，結果分別如表 6-7 和表 6-8 所示。其中，2008 年其他綜合收益的明細項目取自其呈報在報表上的不同位置。

6.3.3.1　其他綜合收益明細項目的描述性統計

由表 6-7 可知，$PAVI$ 的標準差為 0.815，p1 分位數為 -1.950，p99 分位數為 1.028，說明可供出售金融資產公允價值變動產生的利得（損失）波動較大。$PEQU$、$PFCC$、$PHEDG$、$POTHER$ 的中位數和標準差都很小，p1 分位數到 p99 分位數的幅度範圍也不大，說明相比可供出售金融資產的公允價值變動，這四個項目五年間的波動幅度較小，數值趨於穩定。但是，除

「其他」以外的四個明細項目，均值均為負數，這說明在2008年至2012年期間，全球市場的低迷對未實現的收益有負面的影響。「其他」的均值為正在一定程度上說明，這個模糊項目抵銷了一部分負值，讓信息使用者能看到積極的企業業績，也不排除一些公司有利用其進行利潤操縱的可能。

表6-7　　其他綜合收益明細項目的描述性統計

變量	PAVI	PEQU	PFCC	PHEDG	POTHER
均值	−0.043	−0.001	−0.005	−0.001	0.002
中位數	0	0	0	0	0
標準差	0.815	0.106	0.062	0.044	0.117
p1	−1.95	−0.118	−0.109	−0.018	−0.052
p99	1.028	0.137	0.035	0.016	0.125
樣本數	3,521	3,521	3,521	3,521	3,521

註釋：p1表示第一百分位數，p99表示第九十九百分位數。

6.3.3.2　迴歸結果分析

如表6-8所示，EPS系數始終保持較高的顯著性，且均在1%水平下顯著。這說明其始終是投資者關注的一大指標，對EPS信息的解讀，會使投資者對企業當期的業績有一定的判斷和瞭解，幫助投資者做出決策，導致市場股價的迅速反應。然而，將EPS與其他綜合收益的明細細目進行對比發現，後者系數的顯著性遠遠比不上前者，這在一定程度上反應了信息在附註中披露和在報表內披露會存在相關性差異。同樣反應地是企業的損益，其他綜合收益明細項目未在主表中列示和不為人們熟悉，很可能是導致其與每股收益信息含量存在顯著性差異大的原因之一。

表 6-8　　模型 (6.5) ~ (6.9) 的迴歸結果

	模型(6.5) 迴歸1	模型(6.6) 迴歸2	模型(6.7) 迴歸3	模型(6.8) 迴歸4	模型(6.9) 迴歸5
β_0	12.52***	12.49***	12.55***	12.48***	12.51***
EPS	11.60***	11.60***	11.61***	11.61***	11.61***
PAVI	0.177				
PEQU		0.450			
PFCC			3.750*		
PHEDG				−2.154	
POTHER					1.056
BVPS	0.259***	0.259***	0.260***	0.259***	0.258***
RATIO	−6.080***	−6.107***	−6.074***	−6.109***	−6.128***
TSP	−3.079***	−3.044***	−3.124***	−3.024***	−3.046***
N	3,521	3,521	3,521	3,521	3,521
Adj R2	0.425,2	0.425,1	0.425,7	0.425,2	0.425,2

註釋：***、**、* 分別表示在 1%、5%、10% 水平下顯著。本表已通過異方差檢驗。

就每個模型的迴歸結果分析，模型 (6.5) 的迴歸結果中，PAVI 的係數估計值為 0.177，顯著性不強（t=1.12），且其均值為負數。這表明可供出售金融資產的公允價值變動信息在這五年間受到的市場反應較小，這和經濟低迷的全球環境影響有關；或者，人們對可供出售金融資產有普遍的認識和瞭解，但對公允價值計量還有感陌生，導致市場對該項目的反應較弱。企業購入的在活躍市場上有報價的股票、債券和基金等可供出售金融資產，且準備長期持有，由於受到金融市場和經濟形勢等影響，公允價值處於低值且波動性較小，較難因其獲取預期收益。但在模型中，PAVI 的係數為正，表示可供出售金融資產的公允價值變動帶來的利得能夠對股價產生正影響。然而若是可供出

售金融資產的公允價值變動帶來的是損失,則會減少公司的收益,並對公司股價產生負影響,但並不顯著。

模型（6.7）的迴歸結果中,*PFCC* 的系數估計值為 3.750,在 10% 水平下顯著,這也是在五個明細項目中,市場反應唯一顯著的一項。這表明外幣報表折算差額與股價有顯著的正相關關係。現今的上市公司注重發展的可持續性,不以短期獲利為目標,而是通過投資境外、開拓海外市場,以促進企業長久的發展。但世界環境的變化引發了貨幣價值波動,影響了外幣報表折算的差額,導致經濟越低迷,差額越大;反之亦然。這項明細項目反應了管理層對企業未來長遠發展的信心,向投資者傳遞了企業具有良好發展態勢的信息,吸引著投資者傾向於購買該公司的股票,使股價上升。

模型（6.8）的迴歸結果中,*PHEDG* 的系數估計值為 -2.154,並不顯著（t=-0.73）,這在一定程度上表明市場對金融衍生工具的反應不高,且對其表現有相反的理解。由於現金流量套期是對現金流動性風險的套期,其規避的是未來現金流量風險。若公司的現金流量套期工具產生的利得較高,投資者可能會認為該公司由於效益不夠好,出於較強的風險憂患意識,才對項目進行套期,從而不願意投資於那些現金流量套期工具產生的利得較高的公司。

模型（6.6）和（6.9）的迴歸結果中,*PEQU* 和 *POTHER* 的系數分別為 0.450 和 1.056,t 值分別為 0.37 和 0.97,均不顯著。雖然兩者未實現的利得或損失對股價雖然產生正向影響,但是影響不是很大,這在一定程度上也說明投資者對兩者關注程度相對偏低。營企業、聯營企業或有子公司的公司由於經營範圍和規模一般較大,投資者往往認為這些公司的經營效益較好,從而願意進行投資。同時,結合表 6-7 分析,只有「其他」項目均值為正,且迴歸系數為正,表明雖然投資者無法明確其

究竟是何成分,但鑒於其他四個明細項目並不如預期,從而願意看到「其他」項目為利得而非損失,即若 POTHER 為正,則認為企業的利得有所增加,產生好的市場反應;反之亦然。

基於以上的分析,可以得出以下兩個結論:第一,其他綜合收益的各個明細項目的系數和顯著性都有所不同,說明投資者對這些信息持有不同的態度,信息含量有所差別。第二,信息列示位置存在差異會導致信息的價值相關性不同。以每股外幣報表折算差額 PFCC 為例,其比其他明細項目具有更高的價值相關性,能夠顯著增加會計信息的決策有用性,與股票價格有顯著的正相關關係(t=1.81)。

綜上所述,這一顯著性可能是因為外幣報表折算差額不僅在附註中「其他綜合收益」下列示,也在資產負債表中「權益」中單獨列示。可見,主表和附註受到信息使用者重視的程度是有差別的。在財務報表中列示的外幣報表折算差額會更受投資者的關注,為使用者提供信息增量和估值價值,而只在附註中進行列示的其他明細項目,則系數不顯著,不足以吸引投資者的關注,無法對股票市場產生一定的影響。試想,若是將其他綜合收益的其他明細項目也呈報在主表上,將會更加容易被投資者所識別和利用,提高其決策有用性,假設 6-3 也得以驗證。

從對綜合收益的初探到再探,本書發現,明確其列報利弊,確定其包含要素,厘清其與現有主表間的關係,搭建其列報的平臺與方式是十分必要的。因此,結合以上分析,本書將在下章繼續探討,做出相關的建議。

7 綜合收益信息及其列報的改進與建議

隨著中國市場經濟的快速發展，資本市場不斷擴大、完善，企業在國際市場上的投資、融資比重不斷提高，上市公司是否能提供決策有用的會計信息越來越被投資者們所關注，上市公司盈餘管理與信息披露之間的平臺建設也越來越重要。其中，收益信息廣受關注，其改革還需要進一步完善，列報形式也需要標準化。在前文對「綜合收益」的實證探索基礎上，本章將繼續討論綜合收益信息及其列報的必要性與局限性，並從收益的觀念、要素定義、計量方法和財務報告間勾稽關係來確定其基本要素，最終形成綜合收益報告，為會計準則修訂與完善提供思路，為報表使用者更好地進行決策分析提供平臺。

7.1 綜合收益信息列報的利弊分析

7.1.1 綜合收益信息列報的必要性

會計在促進國際貿易、國際資本流動和國際經濟交流等方面的作用逐漸突出。在財務業績報告方面，綜合收益概念的推

出已是美國和國際會計組織的一致意見，順應國際潮流。可見，在中國採用綜合收益表是有利於進一步實現會計國際化的。

7.1.1.1　使用者對會計信息需求擴容需要綜合收益信息

隨著會計目標從報告受託責任轉為向信息使用者提供決策有用信息，會計信息使用者自身分析判斷能力逐漸提升，以及現有財務分析工具的多樣化，使得使用者們對會計信息的質量，尤其是信息相關性與如實反應提出了更高的要求。傾向主觀估計的相關性更多地涉及未來信息的可預測性，傾向於客觀反應的可靠性則注重對歷史信息的真實反應，兩者雖然並存但時常在產權主體和信息使用者之間博弈。

傳統會計理論強調會計信息的可靠性，並將損益的確認建立在實現原則上，認為信息具有可靠性且已實現，才對信息使用者決策產生作用，而那些價值已經發生變化但尚未實現的事項不必在收益表上予以反應。傳統會計理論忽視了收益實現的潛在的時間性差異和累積影響，導致價值增值期間和收益報告期間的人為分隔，在一定程度上不能如實、全面地反應財務狀況和財務業績，滿足不了會計信息使用者的需求。從初探的結果來看，三個月的股價循環週期表明投資者對會計信息披露的需求是一定的，且綜合收益信息的列報逐步在影響傳統淨利潤指標的「壟斷」性，使用者越來越關注一些猶如公允價值等未實現的收益，投資更具長遠的眼光，因此，信息需求量的擴容要求綜合收益的呈報。

7.1.1.2　財務呈報目標的改變要求披露綜合收益信息

傳統的財務呈報目標建立在受託責任觀的基礎上，即受託人通過財務報表向委託人報告他們履行經濟責任的情況，強調財務報表報告信息的客觀性、可靠性。由於採用歷史成本計量屬性和實現原則作為編報的基礎，導致財務報表提供的信息含量偏低，信息相關性不足。隨著財務呈報目標向決策有用觀轉

變，證監會加強了對企業披露信息可靠性的監管，管理當局提供的會計信息在注重信息可靠性的基礎上逐漸強調信息的相關性。因此，當代財務呈報目標允許採用多種計量屬性，全方位地提供各種相關的信息。例如在提供損益信息方面，不僅要求披露收入和費用，而且要求反應利得和損失；不僅要求披露已實現的損益，而且要求反應未實現的損益。

7.1.1.3 收益計量方法的改進需要綜合信息列報為其創造條件

收益計量最初就是建立在資產、負債價值變動的基礎之上，出於人們一種自發簡單行為，根據期初期末淨資產的價值變動來確定。隨著經營活動的複雜化，初始的收益計量無法說明其具體組成內容和影響因素。在物價相對穩定、有形交易為主的生產經營活動的歷史成本計量環境下，根據收入實現規則和費用配比所確定的收益與根據淨資產的價值變動（除資本性交易）所確定的收益應當是一致的。但是當交易進一步複雜（如無形的金融投機活動）、資產計價打破歷史成本而引入公允價值、通貨膨脹成為經濟環境常態時，以統計性的實現規則為基礎的收入費用法就不能全面體現收益的可預測性了。

傳統的財務會計對資產計價一般運用歷史成本並且只進行初始計量，因而決定了資產轉移價值和費用計量的基礎。傳統的利潤表也只反應已經實現的收入和費用，以及在此基礎上計算出來的損益。計量方法的單一帶來了諸多問題，首先是無法在會計上確認沒有明確的歷史成本支出而對企業發展極具重要意義的資產，如無形資產、人力資源價值等項目，大大降低了會計信息的相關性和有用性；其次是缺乏對導致企業財富變化的其他經濟收益來源的披露；最後是無法公允確認對企業持有資產的價值變動導致的利得和損失，在一定程度上扭曲了企業財富的整體真實價值和盈利能力。

采用公允價值計價比按歷史成本計價能夠向信息使用者提供與決策更加相關、有用的信息,如在現代經濟活動中發揮重要作用的金融工具信息,迴避風險和作為保值手段的衍生金融工具信息①等。應用隨客觀環境變化而變化的公允價值計量,產生的未實現的利得或損失是現代會計信息應該披露的一部分。由於傳統的利潤表不能確認這部分未實現的利得或損失,則勢必會限制公允價值的廣泛運用。綜合收益的提出解決了這一問題,從而為公允價值的廣泛運用創造了條件。從實證結果也可以看出「可供出售金融資產公允價值變動」金額是受到使用者關注的,從表 4-15 中可以看出,其均值是其他綜合收益金額的近 10 倍之多,表 4-19、表 4-20 中顯示其對股價的影響是較其他綜合收益更為顯著的。同時,在利潤表中披露的公允價值②變動損益也是受到關注的。

7.1.1.4 控制盈餘管理需要綜合收益信息的列報

綜合收益概念在中國的應用,有利於治理會計信息失真等問題,規避企業利潤操縱。因為分開列報已實現和未實現的利得可以從一定程度上限制管理當局通過選擇確認的時間和金額來控制報告期間的淨收益。如為了提高本期報告收益,將公允價值超過購買成本的證券先行出售,以確認出售利得,而將公

---

① 西方國家自 20 世紀 80 年代起就開始不斷要求對傳統的金融工具用公允價值進行計量。其中,衍生金融工具是待履行的合約安排,由於在簽約時尚未有實際交易發生,根據歷史成本原則和實現原則,它們無法在傳統財務報表內得到反應,而只能在表外予以披露。但是隨著衍生金融工具的廣泛運用和風險的加劇,衍生金融工具的價值及其變化不能在表內反應,財務報表傳遞的信息會起到誤導的作用,因此人們呼籲改進財務報告,將衍生金融工具由表外納入表內。

② 經過多次測試和修訂,中國財政部已於 2014 年 7 月正式推出了《企業會計準則第 39 號——公允價值計量》,為更好地披露綜合收益奠定了基礎。本書重點在於探討綜合收益,相關公允價值計量問題的研究可參考其他文獻。

允價值低於購買成本的證券繼續持有，以避免確認出售損失的行為，這就不能反應資產的真實價值和本期的真實收益。並且，隨著收益信息類別的增多，投資者會對「淨收益」和「其他綜合收益」的信息含量進行分析和取捨，類似「投資組合」理論，這種做法從某種程度上也分散了管理當局的利潤操縱點，減緩了會計失真程度，變相地提高了綜合收益總額的決策有用性。從表4-6和表6-5中可以看出，其他綜合收益的介入，減緩了傳統指標「每股收益」在使用者決策時的「壟斷」地位，表4-8和表6-4中也反應出其他綜合收益占總收益比重逐年擴大，雖然受到了經濟環境的影響，但每股淨利的標準差每年保持一定，這表示公司除了注重平滑公司間的淨利潤值，也越來越重視其他綜合收益金額的控制。因此，綜合收益表的應用可以防止企業操縱利潤的行為，全面真實地反應企業收益。

7.1.1.5 「綜合收益」體現了會計收益向經濟收益概念的迴歸

傳統的收益確認注重交易，稱為會計收益，是建立在交易觀的基礎上的，它不同於經濟收益。經濟收益要求計算企業一定期間內全部財富的增加。這種財富既包括會計能夠予以確認的，也包括現行會計暫時不能確認的。經濟收益＝期末淨資產－期初淨資產－（本期業主投資－本期派給業主款）。會計收益是指來自企業期間交易的已實現收入和相應費用之間的差額。會計收益建立在會計基本假定的基礎上，採用歷史成本計價，按配比原則計算，不反應由於價格變動產生的、尚未實現的利得或損失。會計收益（利潤）＝收入－費用。

第一，會計收益一般而言小於經濟收益，它是根據企業在一定期間實際發生的經濟業務（所發生的交易或其他事項）的收入和產生收入的費用、成本差額計算的，是已實現的收益，並不包含未實現損益；而經濟收益是囊括了企業的已經實現收

益與未實現損益，注重全面性、綜合性。

第二，傳統會計收益的計量屬性不同於經濟收益的計量屬性，前者的計算遵循歷史成本原則和配比原則，缺乏內在的邏輯統一性，以至於資產帳面價值不能反應其實際價值，成本也不能得到足額補償；後者是按現時價值計量，反應的是資產的實際價值，有利於成本的足額補償。經濟學收益概念的引進為收益計量鋪墊了理論基礎。收益計量最初是建立在資產負債觀的基礎上，隨後發展為收入費用觀，現在又逐漸向資產負債觀迴歸，具有鮮明的「否定之否定」色彩。結合綜合收益的概念可以看出，通過所有者權益變動反應的綜合收益，在計量方法上更接近於經濟收益，報告的是除與業主間的交易以外企業全部淨資產的變化，採用的是資產負債觀，反應了會計收益向經濟收益的歷史迴歸。

第三，會計收益注重收入費用，強調名義資本保全，即只要業主投入的原始資本不受損失，企業收入超過投入資本部分即為會計收益；而經濟收益則注重資產負債觀，堅持實物資本保全，認為只有保持企業實際生產能力，企業再生產才能順利進行，實物資本保全比名義資本保全確定的收益更有實際意義（劉海丹，2004）。綜合收益由於包含未實現損益，發展公允價值等計量屬性，側重資產負債觀，因而接近於經濟收益概念，逐步融合。同時，披露未實現的利得或損失，不僅消除企業管理人員在各期間之間調整某些已實現收益，以平滑各期收益的盈餘管理動機，還可使綜合收益表報告的業績反應得更加全面和真實。

7.1.2 綜合收益信息列報的局限性

學者們認為，在現行經濟環境和會計計量等條件下實現綜合收益面臨諸多困難。但想要完成從會計收益到經濟收益的轉

變，合理化綜合收益涵蓋內容和披露格式，因存在局限性而不能一蹴而就。在中國，採用綜合收益報告面臨著三個問題，一是如何定義反應綜合收益信息的會計要素——利得和損失，以保證會計理論體系的科學性和嚴密性；二是如何確定綜合收益報告模式；三是公允計量方法的應用研究還有很長一段路需要走。

7.1.2.1 會計要素定義較為模糊

綜合收益的實現最終是要拋棄現行的收入與費用配比原則，以公允價值全面客觀記錄經濟業務，相應地，歷史成本原則亦將瓦解。綜合收益表所提供信息的有用程度必須超過現行損益表，才能獲得報表使用者的支持而得以存在。現有準則雖然對會計要素劃分還是按照其性質分為資產、負債、所有者權益、收入、費用和利潤，沒有明確利潤與綜合收益之間的關係，收入和利得、費用和損失的概念比較含混，信息使用者們不清楚這幾者的具體區別，感覺遊弋在文字游戲之中。中國現行會計準則將利得與損失用於未實現損益的處理，與收入費用多用於已實現收益處理，是一種折衷的做法。結合公允價值的計量屬性對企業經濟業務資金流向計算，此類定義還需要進一步明確。

準則制訂方與實務界在確認某項準則時通常都會有博弈，一般採用折衷的方式結尾，國際準則的制定也是如此，面對實用主義的勝利，綜合收益理想內涵的倡導者吉姆‧萊森寧認為：「若收益問題得不到妥善處理，西方世界的末路不遠矣；為什麼要用另一個存在同樣缺陷的概念來代替原有的概念？」彼得‧沃爾頓則認為雖然實用主義者在某一回合獲勝，但收益框架之爭才剛剛開始。

在會計核算方面，一些收入費用類科目的核算即包含已實現內容的確認，也包含未實現內容的計量，如中國的「財務費用」帳戶，作為其明細帳戶「外幣折算損益」含有了未實現損

益的計量，而其他明細帳戶，如手續費、利息費等計量的是已實現損益。現有的淨利潤概念中仍包含了未實現的收益項目，如「資產減值損失」和「公允價值變動損益」等，還有營業外收支項目裡的「政府補助」一項，部分補助還需要進行會計期間的帳務調整，等等。

會計要素定義模糊，還會影響財務指標的使用效果，利潤相關指標與現金流量相關指標關係密切，在根據淨利潤尤其是營業利潤預測經營活動的現金流量方面具有很強的預測價值；如果將綜合收益完全替代淨收益，含有未實現的營業收入費用和利得損失的確認含混了利潤相關指標，那很容易和現金流量的實際狀況相脫節，從而難以揭示企業隱藏的財務風險和經營風險。

7.1.2.2 綜合收益的報告模式有待改進

財政部辦公廳於 2006 年頒布的《企業會計準則——財務報告的列報》，雖然規範了收益列報方法，但沒有按照綜合收益的要求編製收益表，只是通過股東權益變動表來間接反應，報表使用者對綜合收益，或稱總括收益的概念並不明確，甚至相當大範圍使用者不明確此概念。而 2009 年印發的《財政部關於執行會計準則的上市公司和非上市企業做好 2009 年年報工作的通知》（財會〔2009〕16 號）要求正確理解和編製其他綜合收益項目，對在附註中需詳細披露的其他綜合收益項目規定了統一的格式。雖然有了進一步的規範，但通過本書再探的研究，仍可見在利潤表中只是單列其他綜合收益項目，僅僅是一個過渡的做法。

新會計準則沒有單獨設置綜合收益、利得和損失要素，有關利得和損失內容被分割在利潤表和所有者權益變動表中。現今，中國對於綜合收益信息的披露採用的是並在利潤表中列報的模式，即以傳統的淨利潤為基礎，增加其他綜合收益一項，

最後得出綜合收益。一般認為，所有者權益變動表的不能突出綜合收益的本質，且對於未實現的收益，很大一部分金額又披露在利潤表中，從表4-12、表4-13中可以看出，利潤表中披露的未實現收益無論是從樣本量還是金額上都絕對大於在所有者權益變動表中的披露。然而，雖然將綜合收益單列到了利潤表，但主表名稱沒有變動，像是硬把一個項目塞進了利潤表，以求囊括萬千，結果仍然並不顯著，如表6-8所示。同時，第五章的分析也發現中國現在的收益報告還存在著披露不統一，形式不嚴謹等問題。

因此，本書認為，中國應逐步採用一表法，即擴展的收益表模式：在利潤表的淨利潤下列示其他權益的明細項目，最後報告綜合收益總額。但是「一表法」的標準制定又受到行業差異，企業經營業務多元化等影響，主要是「其他綜合收益」具體內容的確定還值得商榷，這也需要此報告在市場上不斷地進行試點研究，為最終確定一個標準的綜合收益報告奠定基礎。

7.1.2.3 收益計量模式可操作性低

中國市場並不發達，也不完善，會計計量技術仍欠缺。在舊會計準則實施歷史成本計價時，研究者們就對公允價值計量報以較高期望，認為其將增強會計信息的及時可靠性。但在新會計準則實施公允價值計量後，學者們卻對公允價值確定產生了疑慮，實務界對其操作更為勉強，應用率低，在確認經濟業務信息的客觀價值時，多數會計人員有著「摸著石頭過河」的感受。其實，用現行價值勉強確定的後果只能是損害會計信息的有用性，即試圖提高相關性但卻喪失了可靠性，甚至有批評說這只是將盈餘操縱挪至公允價值確定的領域罷了。

例如，所得稅會計的處理方法是「資產負債表債務法」，利潤表中的「所得稅費用」是按資產負債觀下的收益計量模式得出的，而「利潤總額」項目的計量採用的是收入費用觀計量模

式得出的，據此以「利潤總額」減去「所得稅費用」得出的「淨利潤」，由於計量模式不一致帶來的利潤表編製基礎混亂，大大降低利潤表信息含量。有一種折衷的解決思路是將「所得稅費用」分解為兩部分，一部分對應傳統的收益項目，另一部分對應其他利得或損失項目，使得兩種計量模式的結果相匹配，但其操作性是否可行，還需要進一步的論證。表4-12、表4-13中顯示稅對權益的影響比重逐年增重，2009年後企業被要求在附註中單列其他綜合收益明細項目的所得稅影響，如表5-2所示，但填寫效果並不理想，可見其計量模式的研究還有待深入。

7.1.2.4 準則制訂方與實務界的博弈

目前，綜合收益信息在各國的會計準則包括國際會計準則中都沒有建立在純粹的經濟學收益概念即綜合收益理想內涵之上，準則制定的理想主義和準則施行的實用主義之間會產生矛盾，這時，準則怎麼制訂就是雙方的博弈結果。

舉一個例子，2002年7月的國際會計準則理事會（IASB）的會議上，理想主義者和實用主義者為了現行國際會計準則IAS No. 39關於現金流量套期再循環（Recycling of cash flow hedges）的處理問題產生了爭論。前者認為所有套期均應按市價、其價值變動進入綜合收益表，這樣也就無所謂再循環的問題；而後者則指出公司在某一年的套期可能是為了以後年度的現金流量，不遵循現行現金流量套期再循環的會計處理，即將套期工具的損益在權益中遞延直至在套期項目發生，並用以調整被套期項目的初始價值或分攤計入被套期項目影響收入的期間，將不能反應實際情況。這時，理查德·貝克提出第三條路——「準再循環」，即每年確認套期工具的價值變動，但要在收益報表（綜合收益表或損益表）中單獨列示，直到相關現金流量發生的年度再將這一單獨列報轉入經營交易列報，從而實現綜合收益表與現行準則的折衷。這一方案雖然遭到綜合收益理想內涵的支

持者們的反對，但最終還是以 11：2 的投票結果通過了「準再循環」方案，宣告了使用折衷主義者的勝利。但這樣的爭論並不是毫無用處的，任何一次改革都要經歷失敗、折衷、討論與再討論，讓事實實踐理論，理論指導實踐。如果沒有這個博弈的過程，就沒有克服困難的勇氣，準則的制訂和實施也就不會持續下去，各國也會在準則趨同的道路上半途而返。

由於實現規則的客觀性以及理想實務本身的困難重重，會計界長久以來的努力都是在尋求一些可行的折衷做法——既不想拋棄收益實現規則，又能夠反應價值的全面變動。英國的全部已確認利得和損失表和美國的綜合收益表均是這種折衷的結果。國際會計準則理事會（IASB）業績報告項目的終極理想目標是放棄折衷主義，全面且透明地反應企業經濟活動情況，消除通過攤銷、準備等手段操縱報告收益的機會，但在改革的路途上仍然困難重重。

中國會計準則改革在國際化趨同的道路上也遇到了很多難處，但並不是說有了困難就要迴避或是停滯不前，而是要面對和想辦法解決。本節在此分析局限性是為了明確未來研究的出發點，只有進一步地挖掘問題，才能解決問題。公允價值計量雖然已經形成準則並推行，但要從根本上解決計量方法與手段問題，還需要長期的實踐和研究。

7.2 綜合收益基本要素的確定

新企業會計準則在資產的概念體系與計量屬性、收益觀點、利潤的確認與計量以及財務報告等方面均有了重大變化。本節試圖從收益信息觀念轉化、要素確定與計量方法、財務報告間的勾稽關係分析三個方面進行思考與研究，希望能從總體上把

握收益信息的改革方向。

7.2.1 收益觀念的轉化

一般而言，收益指標仍然是財務報表使用者特別是投資人最為關心的會計數據。綜合收益將報告已確認、已實現的淨收益擴大為還包括已確認、未實現的一部分利得或損失，使報告的收益更加全面和更加真實，從而有助於投資者進行投資決策。相關的實證研究也表明，會計收益特別是非預期的收益信息與股票市價關係非常密切。

7.2.1.1 資產結構決定利潤結構

新會計準則強化資產負債表觀念，淡化利潤表觀念，追求企業真實資產、負債條件下的淨資產增加，體現綜合收益觀念。總資產可主要分為經營資產和投資資產，由兩者產生的經營利潤和投資收益（投資利潤）是利潤構成的主要部分。因此，企業資產結構與利潤結構是否匹配，就是通過將經營資產與營業利潤、投資資產與投資收益進行比較，來分析判斷不同類型資產的相關盈利能力。

新會計準則中的多項準則，如《新會計準則——基本準則》中關於收入和費用要素的定義、《新會計準則第13號——或有事項》中關於預計負債的確認、《新會計準則第18號——所得稅》中關於資產負債表債務法的運用等均以資產負債表觀來規範某類交易或事項，即先確認和計量該類交易或事項的產生對相關資產和負債造成的影響，然後再根據資產和負債的變化來確認收益。在評價企業財務狀況、考核企業業績時，則側重於分析資產負債表的資產和負債真實價值，評價資產和負債的規模、結構、質量和未來潛力，在此基礎上，根據淨資產的增加和利潤表的利潤大小客觀地判斷企業業績和未來發展前景（沈烈、張西萍，2007）。

7.2.1.2 綜合收益與現金流量信息緊密相關

按照 FASB 的論證，就潛在用戶來說，普遍關注的是一個企業創造有利現金流量的能力（SFAS No.1）。在企業中，收益是該企業有利的現金流量的主要來源。而綜合收益的特點則是除淨收益之外，還包括已確認的其他利得或損失，由於已賺得，儘管在當期沒有實現，但它很可能在下期或近期即可實現，從而就成為投資人預測企業未來現金淨流量的一個可靠基礎。在這個意義上，今後的全部已確認利得和損失或者綜合收益信息比原先的淨利潤或淨收益數據對財務會計信息的用戶預測企業的未來現金流量將更為有用。

原會計準則和市場更注重的是企業的收益情況，而衡量企業收益情況主要是看兩個方面，一方面是企業獲取的利潤額度，另一方面是現金淨流量。一般而言，不論是營業利潤或是投資收益，較高的利潤質量都意味著企業擁有較強的現金獲取能力，通常採用利潤與調整口徑後的現金淨流量相除得到指標進行分析，加以考察。

因此，不能說因為準則對資產負債觀的側重，利潤表就顯得不重要了。利潤正在進行觀念上的轉變，即向綜合收益觀轉變，向企業價值的概念轉變，增加總括反應企業資金來源與去向的內涵。

7.2.2 損益類要素定義範圍的擴展與計量

新會計準則對六大會計要素作了重大調整，雖然沒有將「利得」和「損失」作為獨立的會計要素，但已明確提出這兩個概念。利潤包括收入減去費用後的金額以及直接計入當期利潤的利得和損失，利潤的大小取決於這三者的計量模式與計量結果。這兩個概念的引入，使得傳統會計收益的範圍得以擴展，雖然容易與收入費用混淆，但也為綜合收益的內容劃分和列報

提供了基礎。

7.2.2.1 各國損益類要素比較

新會計準則強化資產負債表觀念，淡化利潤表觀念，追求企業真實資產、負債條件下的淨資產增加，體現綜合收益觀念，如表7-1所示。

美國的利得（Gains）是指「某一實體除來自於營業收入或業主投資以外，來自於邊緣性或偶發性交易，以及來自於一切影響企業的其他交易、其他事項和情況的權益（或淨資產）的增加」。同樣，費用也不包含損失，損失（Losses）是指「某一實體除因為費用和向業主分配以外，來自於邊緣性或偶發性交易，以及來自於一切影響企業的其他交易，其他事項和情況的權益（或淨資產）的減少」。

表7-1　　各國財務報表要素一覽表

國家	財務報表要素	劃分依據	要素量
美國	資產、負債、權益或淨資產、業主投資、向業主分派、綜合收益、收入、費用、利得、損失	流轉過程觀 Flow process Approach	10項
IASC	資產、負債、權益、收益、費用	流入量觀 Inflow Approach	5類
英國	資產、負債、所有者權益、利得、損失、業主投資和向業主分派	流入量觀 Inflow Approach	7項
中國	資產、負債、所有者權益、收入、費用和利潤	流入量觀 Inflow Approach	6項

國際準則的收入是在企業正常活動過程中產生的收益，利得是指滿足收益的定義並且可能是也可能不是在企業正常活動過程中產生的其他項目。利得不是一個單獨的基本要素，而是收益要素下的一個子要素。同樣，費用包括了損失以及在企業正常活動過程中發生的費用。損失是指滿足費用的定義並且可

能是也可能不是在企業正常活動中產生的其他項目，可以作為費用要素下的一個子要素。

英國對利得的定義為除了所有者投資增加以外所有的所有者權益的增加。通過對比可知，這裡的「利得」概念是廣義的，相當於國際會計準則中的「收益」要素概念。它包括了美國定義的「收入」和「利得」，相當於美國對「綜合收益」的定義。與利得概念相似，其損失的概念也是廣義的，即向業主分派以外的所有者權益的減少，包括了「費用」和「損失」。也就是說，報告主體所有者權益的減少除了向所有者分派外，就是由經營虧損或投資損失產生的。

通過以上比較可知，狹義的利得是指企業除來自營業收入和對外投資以外所有者權益的增加，而廣義的利得包含了營業收入。狹義的損失是指企業除費用、分配的股利或支付的利息以外所有者權益的減少。而廣義的損失包含了費用。但無論是狹義還是廣義，它們都包括了企業邊緣性或偶發性交易事項，以及其他一切沒有經過經營過程就導致的權益的增加或減少。利得與損失作為財務報表要素呈報，有利於全面地反應企業收益的變動，提高會計信息的相關性。另外，值得一提的是，無論是英國還是美國準則，都將利得與損失定位於已確認標準上，即包含了已實現或未實現的權益變動。

7.2.2.2 中國損益類要素的探討

本書認為，採用「收入」或「利得」，「費用」或「損失」，名字或叫法不重要，關鍵是要明確含義，讓其客觀反應相應的經濟業務，明確其記錄的內容，如果「利得」與「損失」只是為了滿足資產負債觀的實施或公允價值計量的推廣等而提出，其必定不會有效發展。因此，本書建議，考慮到中國報表使用者對以往的要素表述名字已經習慣，仍需引用原有要素名稱。這和國際會計準則並不衝突，因為翻譯出來英文單詞是統一的。

在綜合收益觀下，擴大「收入」「費用」和「利潤」的概念，使其廣義包括核算未實現損益的「利得」與「損失」，並將「利潤」要素的名稱更改為「綜合收益」或「總括收益」，擴大其內涵，即大收入、大費用和大利潤的概念，如「收入」是除涉及所有者投資以外的所有者權益的增加，「費用」是除涉及分派給所有者款項以外的所有者權益的減少。同時，兩者會計處理的改進也很關鍵，應當使一個企業在當期的全部財務業績，從確認、計量到報告，包括其中未實現的某些項目，都可以在財務會計上得到集中的、完整的處理和表現。

7.2.2.3 收益多種計量方法並存

新會計準則不再強調以歷史成本為基礎的計量屬性，在存貨、投資性房地產、生物資產、非貨幣性資產交換、資產減值、債務重組、股份支付、租賃、金融工具、套期保值和非同一控制下的企業合併等方面都引入了公允價值計量屬性，將公允價值的變動直接計入利潤，以充分體現相關性的會計信息質量要求（劉玉廷，2007）。公允價值和歷史成本是會計報告中兩種最重要的計量屬性，兩者在為使用者提供投資決策信息和管理者受託責任評價方面各具優勢。目前，公允價值計量的準則已頒布推行，但對其的普及和使用還需要時間，在此之間依然會存在多種計量方式並存、口徑難以統一等問題，這也為準則的推行帶來了一定的困難。但相信隨著公允價值計量準則的進一步推行與普及，收益的計量方式也能夠得到統一和確定。比如，雖然在經濟業務分析時會遇到比較口徑不一致的情況，但在大範圍情況下，少量內生性差異會自我抵消，不會對分析結果有太大的影響。

雖然困難重重，但公允價值計量的推行勢必推動市場的劃分與有序交易，規範市場參與者的規範性行為，提高和深入估值技術，確定公允價值的層次，幫助非金融資產公允價值的確

定與計量等，這也是中國會計走向國際化的必經道路。

7.2.3 財務報告間的勾稽關係研究

按照 2006 年頒布的《企業會計準則第 30 號——財務報表列報》對財務報表組成的要求，財務報表至少應當包括資產負債表、利潤表、現金流量表、所有者權益（或股東權益）變動表和附註①。資產負債表是企業在某個會計期間末經營狀況的反應，利潤表是對企業在某個會計期間經營業績和成本的體現，現金流量表則是對企業現金流入與流出的項目核算與重要項目的披露。雖然三者的編製基礎不同，前兩者是以權責發生制（Accrual Basis）為編製基礎，後者是以收付實現制（Cash Basis）為編製基礎，但它們之間的組成大類應該有共通性，不僅是對企業信息在不同角度的全面反應，也是為財務分析以及信息對比提供平臺。本節重在研究綜合收益的報告內容與格式，主要針對的是與現金流量表之間的關係研究。

研究資產、收入與現金流入的內部結構的邏輯關係十分重要，它們三者既體現了結構也體現了企業經營管理的發展狀況（如圖 7-1 所示）。

首先，本節將資產分為經營資產與投資資產兩個大類，經營資產在原點之上，表示企業的原始資本累積是為了經營的需要，隨著企業發展與戰略規劃，投資資產應運而生並為資本累積發揮著重要的作用，如圖 7-2 所示（圖片來源於鍾愛民，2006）。

---

① 2006 年 7 月，該準則進行了修訂，對此規定並無變化。

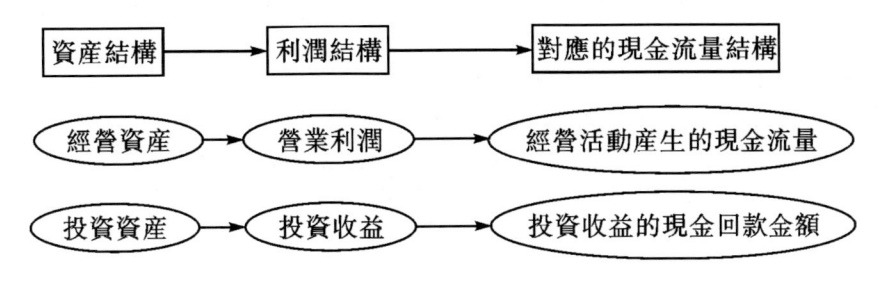

圖 7-1　原準則下利潤結構質量分析圖

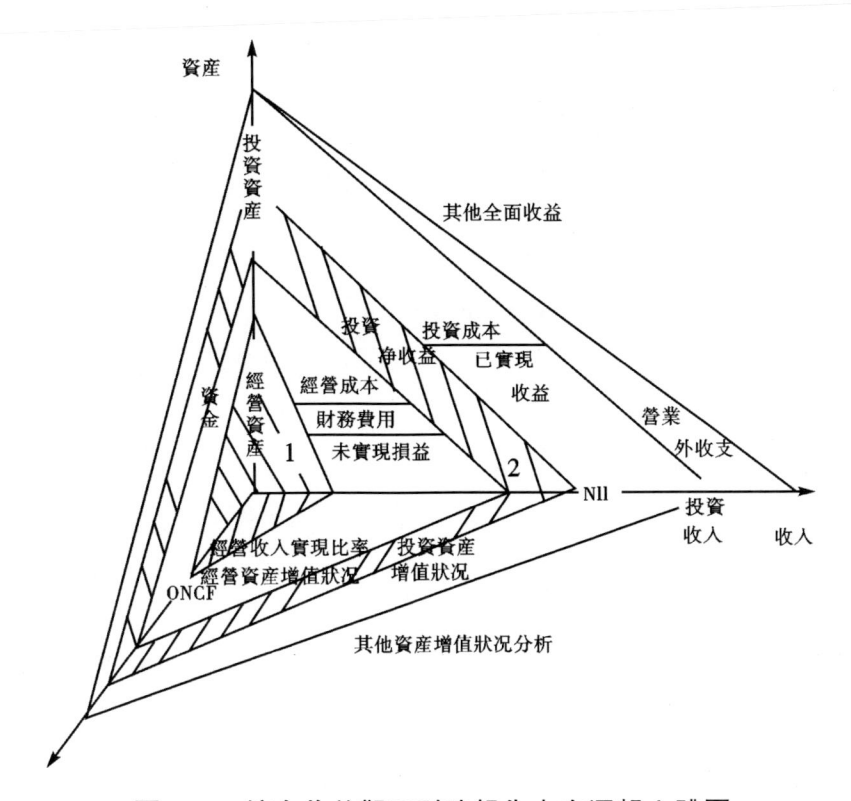

圖 7-2　綜合收益觀下財務報告內在邏輯立體圖

其次，本節將收益劃分為經營性收益、投資性收益和其他收益（營業外收支項目）。隨著經營多元化的發展，經營利潤中反應核心業務利潤越來越重要，這部分利潤排除了未實現損益，如資產減值項目的影響，將其與經營成本、財務費用一起列示。有研究者認為「財務費用」可以並入經營成本共同列示，但筆

7　綜合收益信息及其列報的改進與建議　167

者等研究者（林翔、陳漢文等，2005）認為財務費用屬於財務成本，與經營活動不直接相關，將其劃分出來便於與籌資活動現金流量對比分析。且根據本書初探對滬市2007年與2008年上市公司的數據分析，財務費用的平均值占到營業收入平均值的1%，具有一定的重要性，並且在隨後的年度內，由於外部經濟環境低迷，貸款成為企業維持營運的一項重要手段，分析其財務費用的核算與份額就變得更為重要了。

投資收益同經營收益，淨收益是投資收入與投資成本的差值，在此，投資淨收益的計算不排除未實現投資損益，要將其單列出來，因為投資的時間往往跨年度，實現週期較長。這樣，淨收益裡面基本反應的是短期投資帶來的收益，與投資現金流進行對比分析也有合理的基礎。

最後，本節引用現金流量表原有的結構，即經營現金流量、投資現金流量和籌資現金流量三個部分。其中，籌資現金流量體現在籌資用途上，一部分用於經營資產的週轉，另一部分用於投資資產的運作，沒有將其在坐標軸上單獨表示出來。經營現金流量和投資現金流量在現金流入和收入組成的坐標想像中可以進行發生（Accrual）與實現（Settlement）的比較以及相關指標分析。

新會計準則要求企業記錄經濟業務，確認範圍進一步擴大。筆者認為，資產負債觀的應用和收益概念向全面總括方面轉變是必然的，特別是記載收益和支出的利潤表內各個項目所承載的業務範圍將擴大，但是概念廣義化下還是需要對具體內容進行確定，以便更真實地反應企業經營投資業務，使會計信息更有用、更相關，方便報表使用者及時預測企業持續經營情況。接下來，本章將就綜合收益項目重構與列報模式繼續探究。

7.3 綜合收益項目的解析與列報設計

想要改進財務報告對利潤具體項目與整體的披露，更真實、完整地為信息使用者提供相關信息，從根本上控制企業盈餘的操縱，就需要對利潤的結構進行改善。利潤結構是指構成利潤的各組成要素相互之間的比例關係或在利潤總額中所占的比重。不同的利潤項目對企業的獲利能力有著極不相同的作用；利潤項目的不同比重，即不同的利潤結構，也會對企業的獲利能力產生不同的影響（錢愛民，2008）。利潤結構是否合理、項目之間比例是否合理、各總括項目是否能較好地反應企業真實價值，對企業保持較高的行業競爭地位和競爭實力、較紮實的資產支持、較強的現金獲取能力以及較光明的市場發展前景是極為重要的，同時也能輔助信息使用者對企業利潤質量進行進一步分析，進而更好地做出相關決策。

7.3.1 淨收益概念新解

中國2006年新會計準則在企業收益信息披露上發生了重大改變，披露載體利潤表在格式和項目上也較原準則的規定有了較大差異。它在收益觀念上向綜合收益概念轉變，引入了新的會計要素，針對未實現收益進行核算以體現資產負債觀，採用公允價值等計量方式，更為真實客觀地反應了企業的各方面收益，不但引入了「公允價值變動損益」等新項目，擴大了原有收入項目確認範圍，如取消了「主營業務收入」項目，以「營業收入」項目替代，還單獨披露了個別項目的單獨披露及其位置等。利潤表結構性的變化，必然會對利潤結構分析及判斷產生重大影響。因此，結合上述分析的利潤項目大類，有必要對

其具體項目的概念和構成進行研究。

7.3.1.1 引入核心收益的概念

國外收益概念中對核心收益（Core Earnings, Core Profit）和核心業務（Core Business）非常重視。核心收益是指企業從事自身經營活動所產生的直接利潤。經營活動產生的淨利潤（或稱淨收益）仍是一個企業最基本和最主要的業績信息，必須通過利潤表報告。

縱然企業現有業務多元化，其總有核心的一項或幾項業務，在企業多元化經營的過程中，基於本質業務發展起來的「經營」業務演變為資本市場上的投資活動。有現象表明，企業自身生產經營的活動成果或收益增長率遠遠不及在資本市場上投資帶來的成果和收益。企業的經營目的、內容，以及管理重點都在發生著變化。

中國通過 2006 年頒布的新會計準則建立了「營業收入」等概念，取消了主營業務與其他業務的劃分，不再區分主營業務利潤與非主營業務利潤，並將這些由經營業務產生的收入和成本統一在營業收入和營業成本中列示。當然，在當今市場經濟環境下，企業經營日益多元化，其主營業務與其他業務很難區分，更難以定義，在會計處理中，其他業務收益相比主營業務來說比重嚴重偏小，通常只是記錄一些剩餘材料的處置損益，作用不大。況且不再區分主營業務和其他業務不是指全部業務混雜起來，企業仍然可以通過設置「營業收入」和「營業成本」的明細帳戶來對不同業務進行管理，只是這種結構性的變化使得收益信息披露較以往籠統，不能直觀反應企業收益情況，在某種程度上削弱了財務信息的相關性，對投資者進行報表分析無疑會產生一定的影響。

因此，有必要在利潤項目中引入「核心利潤」的概念，一方面能明晰企業最基本的資本累積來源，突出企業的核心經營

業績，做好財務規劃；另一方面便於其與經營現金流量比較分析。通過前文的樣本數據分析，經營現金流量在現金總流量中占到70%以上，核心利潤（圖7-2中靠近原點的陰影部分，利潤1）有無實現對於報表使用者進行分析是十分有用的，對企業來說也是至關重要，當企業投資收益（圖7-2中靠外的陰影部分，利潤2）由於經濟環境變化或風險影響受到威脅的時候，核心利潤可以作為企業業績最堅強的後盾，維持現金流和企業運轉，有「雪中送炭」之意；當企業業績良好的時候，對外投資獲取了收益，核心利潤也可凸顯企業的核心競爭力，為企業的品牌形象「錦上添花」。

此外，本書建議將財務費用從計算核心利潤中劃分出來，單獨列示，以便報表使用者瞭解與分析企業存款與信貸情況，與籌資現金流量相對應。其中，匯兌損益中所包含的未實現部分，應該通過外幣報表折算項目在其他綜合收益中披露，這裡的匯兌損益包含的應該是已實現部分和短期內未實現部分。

7.3.1.2 明確資產類型不同產生的利潤性質不同

資產按用途可分為經營性資產和投資性資產，前者由企業生產經營活動提供資源以及生產經營活動產生的成果組成，後者由企業為獲取投資收益及收益所形成的能為企業提供戰略性效益的資源組成。對於利潤項目來說，主要是針對「資產減值損失」和「公允價值變動收益」而言，首先，兩者均為未實現的收益；其次，兩者產生的金額均來自於經營性資產和投資性資產。根據對滬市上市公司報表數據的分析，2007年和2008年，披露「資產減值損失」的上市公司平均704家，占樣本比重的99.34%；披露「公允價值變動收益」的上市公司平均263家，占樣本比重的52.01%。表5-1顯示的使用公允價值的其他綜合收益占樣本公司比重也接近於60%。據對樣本公司報表附註的觀察，「資產減值損失」的發生額主要集中在「壞帳損失」

「存貨跌價損失」和「固定資產減值損失」，均與經營性資產相關；「公允價值變動收益」的發生額主要是產生於交易性金融資產公允價值變動，與短期投資性資產相關，但是投資性資產主要是指長期資源，因此，此部分內容屬於流動資產，仍與經營性資產相關。

新會計準則將原來分別計入管理費用、營業外收支淨額以及投資收益等項目的資產減值準備加以合併，並在利潤表中單獨列項予以反應，為未實現損失從利潤中單獨出來做了鋪墊，同時不允許固定資產、無形資產、長期股權投資等項目在計提減值準備後可以轉回。這樣做能有效節制一些企業通過計提秘密準備來調節利潤、操控盈餘，從而在一定程度上限制了利潤的人為操縱空間。

2014年，隨著財政部繼續對會計準則進行大規模修訂，相繼修訂4項會計準則，並發布3項新準則及1項補充規定，7項準則統一於7月1日起在所有執行企業會計準則的企業範圍內施行，鼓勵在境外上市的企業提前執行。這項舉動進一步鼓勵企業推廣運用公允價值計量的屬性，也說明了在利潤表中有必要單獨予以列示公允價值變動損益，全面反應企業的收益情況，使投資者更便於瞭解企業因公允價值變動而產生的損益是多少及其占企業全部收益的比重，從而更好地進行分析和決策。與此同時，分析樣本公司的數據發現市場對公允價值的變動項目反應相對較為顯著，並且，其對市場股價造成反向影響，這可能有兩方面的原因：一是其為新引入的利潤項目，不為信息使用者們熟悉；二是其計量方式帶有爭議，沒有標準，其可靠性可能還不被市場所接受。

介於此，本書建議將「資產減值損失」和「公允價值變動收益」中有經營資產產生的金額在營業利潤前單獨披露，而由長期的投資性資產產生的金額在其他綜合收益項目裡披露，並

根據其重要性和所占其他綜合收益金額比例來進行單獨列示。這樣不僅能與資產分類和現金流量分類項配比，而且能更突出地反應投資活動對企業整個業績的影響程度。但這樣的做法需要重設明細科目和進行重分類，對會計實務處理要求較高，可以考慮代公允價值運用成熟時再進行相應的處理。

7.3.1.3 分析投資收益的組成

新會計準則將「投資收益」項目納入企業的「營業利潤」進行披露，並對「聯營企業和合營企業的投資收益」進行單獨列示。隨著企業運用資金權力與範圍的日益增大，資本市場逐步完善，企業組織模式和經營方式發生變化，投資活動組建成為企業正常經營活動的一部分，從中獲取收益更好地支持經營，相反的，如果發生投資虧損，也會讓經營業績為之買單，甚至是利潤總額的重要組成部分，第四章初探時的樣本數據顯示，投資收益平均值占到營業收入的1%。

因此，一些學者（錢愛民、張新民，2008等）認為，將投資收益項目納入營業利潤完全符合經濟發展的客觀要求，只是在分析企業盈利模式的時候，需要做出一定的調整。投資收益是由企業短期和長期投資帶來收益組成的，包含的是企業已確認的投資收益或投資損失，沒有實現的收益進入了「資本公積──其他資本公積」核算。筆者認為，「投資收益」項目應該單列，並與經營利潤同級披露，反應企業投資性資產帶來的資產增值，也為與投資現金流量的對比分析提供基礎。

新會計準則在投資項目收益實現上規定明確，以長期股權投資為例，首先，原準則下企業的對外長期股權投資，在對被投資企業有「重大影響」時，按照權益法確認投資收益並計入利潤，即按照被投資企業取得的淨利潤乘以投資企業在被投資企業的股權投資比例，同時確認長期股權投資和投資收益。新會計準則對方法使用條件將「重大影響」改為了「控制」，即

企業只有在控制的條件下確認長期股權投資和營業收入，才符合資產的定義和營業收入的定義，才符合財務報表要素確認的條件。

其次，新會計準則將權益法下長期股權投資的未實現收益計入了資本公積，並且在所有者權益變動表中單列披露，按照第四章的樣本數據顯示，2007年和2008年披露「權益法下被投資單位其他所有者權益變動的影響」的平均公司量占總樣本的24.85%，而在表5-1中，其占比更是達到了30%。這種做法幫助風投公司規避了確認大額利潤的風險，因為這些利潤和經營活動的現金淨流量存在嚴重脫節，即利潤在轉化為現金方面存在著很大的困難，這樣就降低了利潤指標的預測價值和評價受託經濟責任的價值。但是，將其放置到所有者權益變動表中披露就不能反應出其屬於收益的本質。雖然2009年後又將其體現在了收益項目的附註中，但仍難以引起關注。因此，本節建議將按照權益法確認的未實現淨利潤（扣除相關所得稅後）在利潤表中單獨列示，待被投資企業宣告發放股利時，按照宣告發放的金額從其他綜合收益再轉入「投資收益」，這樣不僅完善了利潤表，而且能讓信息使用者更為方便地進行取數和分析。

從所有者權益一方來說，這樣的改動對「資本公積」科目來說是「卸下了重任」，並且在其補虧的理由和來源上更為明晰。首先，資本公積補虧受到了爭議，資本溢價（或股本溢價）作為是投資者投入資本的一部分，用資本公積補虧就混淆了投入資本與資本增值的界線，又使得補虧後的可分配利潤額含有投入資本，若以此對投資者進行分配，又等於是以投資者的原投入資本以利潤分配的名義返回給了投資者。但是在特殊情況下（如巨額虧損、資產重組），經過股東大會決議和債權人的同意，也可以以資本公積彌補虧損，但必須在財務報告中披露以資本公積補虧的原因和金額。其次，如果將未實現收益直接計

入「資本公積」，那麼其記錄的是屬於未實現但已確認的資產增值，利潤是已實現且已確認的資產增值，如果以未實現收益隨意彌補虧損無疑是混淆了利潤和綜合收益的界線。虧損在正常情況下應以以後年度實現的利潤和在法律允許的範圍內以盈餘公積彌補虧損。因此，本節建議把未實現的投資收益計入「其他綜合收益」，待其在實現後（如接受捐贈的資產處置或使用後）轉為利潤，再彌補虧損，這樣不僅可以使「資本公積」項目明晰記錄資本（股本）溢價，而且利於控制企業的盈餘操縱，即如果發生了虧損，企業只能用已實現的利潤彌補虧損，促進其對投資的慎重和未實現收益的管理，同時也可以規定，在特殊情況下以其他綜合收益補虧也是可以的，但必須在財務報告中披露其他綜合收益補虧的原因和金額，但其具體的會計實務操作還需要相關部門共同測試和研究，並在有關法律、法規中做出規定。

7.3.1.4 重申淨利潤概念

淨利潤是所有報表使用者十分重視的指標之一，即便在資產負債觀下，淨利潤也是報表分析師和分析報告的首選項目，明確這項內容承載的信息是十分重要的。除了前文闡述和分析的影響經營利潤的三項重要內容，還有一項營業外收益項目，本書讚同 2006 年新會計準則中將作為營業外收入或營業外支出中的重大項目「非流動資產處置損益」項目在利潤表中單獨予以列示，這樣既可以使信息使用者對企業非流動資產處置損益有更加清晰、全面的認識，並可瞭解其占利潤總額的比例及對利潤總額的影響程度。

此外，在合併利潤表中，《企業會計準則第 33 號——合併財務報表》改變了「少數股東損益」項目的列示位置，以「控制觀」的寬廣視野來看待企業集團整體，選擇實體理論作為編製合併財務報表的基礎，這不僅與控制的經濟實質相耦合，還

與合併主體存在一致的邏輯概念關係，也與國際會計準則趨同，符合國際潮流。少數股東權益由原來的一項負債，變為合併股東權益的組成部分；少數股東損益也由原來的一項費用，變為合併淨利潤的組成部分，這一變化是符合綜合收益觀的。但是本書認為，此部分內容應該在淨利潤下單項列示，雖然其金額占總體比重不大，但是這一披露是對少數股東們的一種尊重，表示其利益與企業整體利益是不可分割的。

此外，在淨利潤下增設的「每股收益」，包括基本每股收益和稀釋每股收益。這與投資者經常運用的全面攤薄每股收益存在較大的區別，基本每股收益不再是簡單地用淨利潤除以期末股本計算，其中股本需要考慮IPO、再融資等因素進行加權。此項內容單獨列示是合理的，可與每股綜合收益進行比較分析。

因此，本節認為，淨利潤，或稱淨收益應該由核心利潤、經營利潤、營業外收益組成，計算公式分別為：

核心利潤＝營業收入－營業成本－營業稅金及附加－銷售費用－管理費用

營業利潤＝核心利潤－財務費用＋投資收益－經營資產減值損失＋經營資產公允價值變動損益

淨利潤＝營業利潤＋營業外利潤－所得稅

總之，淨利潤的含義與內容發生了實質性的變化。將經營性的「資產減值損失」和「公允價值變動損益」的未實現利得和損失納入了利潤表，並單獨予以披露，可以使企業對財務業績的揭示更加全面、具體。更重要的是，這樣得出的「淨利潤」，更加準確、合理地反應了資產價值變動的結果，也能更加充分地揭示企業資產的質量狀況。同時，將利潤明細化，可以緩解「每股收益」評價業績的「統治」壓力，誕生更多具體的業績評價指標，方便使用者多元化評價企業業績。

7.3.2 其他綜合收益研究

按照中國 2006 年企業會計準則應予以確認但未實現的利得和損失項目（即可作為其他綜合收益的項目）主要有外幣報表折算差額、可供出售金融資產公允價值變動而產生的利得或損失，法定資產評估增值以及權益法下被投資單位其他所有者權益變動的影響等。2009 年明確規定的其他綜合收益明細項目有 5 個（如表 5-2 所示），分別為：可供出售金融資產公允價值變動、按照權益法核算的在被投資單位其他綜合收益中所享有的份額、現金流量套期工具產生的利得（損失）金額、外幣財務報表折算差額及其他。這些項目均屬於戰略性資產（投資資產）帶來的收益的確認。表 4-12、表 4-13 顯示，在中國上市公司股東權益變動表中，直接計入所有者權益的利得和損失金額占總括收益的 16%以上，表 6-2 和表 6-4 可看出其他綜合收益占綜合收益比例達到 1%以上，且在外部環境較弱的情況下對綜合收益有負面的影響，再次說明，其他綜合收益是否實現、何時實現以及實現金額對企業的總體業績來說都是十分重要的。

7.3.2.1 可供出售金融資產公允價值變動而產生的利得或損失

準則規定，資產負債表日，可供出售金融資產應按公允價值進行計量，當資產負債表日公允價值大於帳面價值時，便因公允價值變動而產生利得；當資產負債表日公允價值小於帳面價值時，則會產生損失。可供出售金融資產公允價值變動而產生的利得或損失，性質上屬於未實現的損益。前文樣本數據顯示（表 4-12，表 4-13，表 4-19，表 4-20，表 5-1，表 6-7，表 6-8），此項內容在新會計準則執行初期占其他綜合收益披露比重的 50%以上，是所有者權益變動表中披露得最為詳細一項未實現收益，其對股價影響在 10%的置信區間裡顯著，高於其

他的在所有者權益變動表中披露的未實現損益，也是在附註裡最常出現數字的項目，這說明企業對其應用相對頻繁，但在宏觀經濟環境低迷的情況下，其投資期縮短，也較難引起市場的顯著反應。

值得關注的是，可供出售金融資產屬於長期投資項目，從圖 7-2 中分析，有長期投資帶來的損益均應放在其他綜合收益中單獨列示，淨利潤中體現的投資淨收益屬於短期投資所帶來的，當長期投資轉換為短期的時候，將其損益列在淨利潤中表示實現程度。

7.3.2.2 按照權益法核算的在被投資單位其他綜合收益中所享有的份額

在原企業會計制度中，這部分被稱為「股權投資準備」。新會計準則執行初期，此項內容被稱為「長期股權投資採用權益法核算時形成的資本公積」，是指企業對被投資單位的長期股權投資採用權益法核算時，在持股比例不變的情況下，因被投資單位除淨損益以外的所有者權益的其他變動，企業按其持股比例計算應享有的份額，而增加或減少的資本公積。收益呈報改革後，這部分內容相應地可改為：企業對被投資單位的長期股權投資採用權益法核算時，因被投資單位增加資本公積，企業按其持股比例計算由此而增加的資本公積；被投資單位的其他綜合收益增加時，投資單位也應按其持股比例計算其增加的其他綜合收益。從表 4-12、表 4-13 和表 4-19、表 4-20 中看出，對此項內容進行披露的公司數量占總樣本數量不多，不到 1/7，金額比重也很少，對平均股價的影響相對可供出售金融資產而言要弱一些。2009 年後，此項內容改計入其他綜合收益，表 5-1 中其所占比例也沒有得到提高，其顯著性也較低。可見公司對外投資，特別是對資本市場的投資已經成為了投資資產發揮作用的重要部分，而對其他企業投資會因為週期長、見效慢

等情況在其他綜合收益中不突出，且市場環境低迷，投資企業與被投資企業的業績表現也都欠佳，但其仍然是企業戰略管理的重點，因為相對於資本市場，對其他企業的投資風險相對較低，中短期收益也會相對較少。

7.3.2.3 外幣報表折算差額

合併資產負債表中，「外幣報表折算差額」是在所有者權益中「未分配利潤」項目後單獨列示的。從某種意義上說，外幣報表折算調整是一種持有利得和損失，它的變動隨著價格（外幣匯率）變動而變動的，也同樣產生於流動資產和流動負債及長期持有的資產和負債。筆者認為，中國的企業早已走出國門，在國外擁有自己的一席之地，甚至還有企業在國外上市，資本市場上貨幣變動及經濟形勢對業績產生的影響是長期的，這部分損益要求企業在外部價格變動下，及時反應所有交易、事項和情況對企業的經濟影響，所以「外幣報表折算差額」有必要作為其他綜合收益報告。從表4-12、表4-13中可以看出，匯兌損益不僅在樣本量上，在金額上佔有比重也是較大的，表4-24、表4-25中看出其與股價和每股淨收益成負相關關係，其較資產減值損失與公允價值與業績有更強的相關程度，在表4-27中，匯兌損益表現出接近10%的顯著性，從表5-1中可看出，披露外幣報表折算金額的企業逐年增多，甚至超過了對可供出售金融資產的關注和持有，在表6-8中，其也是唯一具有顯著相關性明細項目，市場對其反應較為明顯。當然，這也與世界貨幣格局變化有關，值得信息使用者們進一步關注。

7.3.2.4 福利計劃的戰略實施

不同於資本主義國家，中國人口眾多，在養老金或福利計劃上採用的是比較簡單的方式，主要目的是為了保障廣大退休人員的晚年基本生活。退休辦法按退休金給付的確定方式可分為約定提存金辦法（Defined Contribution Pension Plan），每年提

取一定數額的退休基金,交給信託機構保管運用,在職工退休時,將屬於該職工的退休基金支付給已退休職工。

美國一項調查報告顯示:美國東南部30%的家庭依靠福利生存,在加州的老撾和柬埔寨人,77%也依賴於福利養家糊口①。有效的福利制度,能提供機遇,鼓勵企業發展,提高個人責任心和保持自力更生的精神。社會福利與其他社會保障制度問題也是中國政府十分重視的。在中國,乃至印度等國家,作為龐大就業體制的國營企業面臨著嚴峻挑戰。如果企業經營嚴重虧損,被迫倒閉,大量的工人將失業,給社會穩定帶來了不安定因素,因此福利計劃問題便接踵而至。和發達國家一樣,社會福利與其他社會保障制度的利弊也是許多亞洲政府和民眾探討的焦點。亞洲新工業化經濟發展的同時,也在不斷處理日益增多的福利問題。解決問題的癥結,在於怎樣建立一套並不抹殺個人義務以及自力更生精神的保障體系,因為這是保證個人與國家良好競爭力的基石(約翰奈斯比特,1996)。

21世紀90年代初期,韓國就頒布了全國養老金計劃,並出抬了一項新的綜合健康保險計劃,泰國也宣布了一項計劃,以幫助老人、殘疾人以及生活在貧困線下的人們,馬來西亞和新加坡已執行政府調控的儲蓄計劃,並鼓勵家庭參與。亞洲發展規劃並沒有借鑑多功能的西方式福利體系,尤其在中國,依靠的更多的是自身力量。

在此項目上,社保基金等金融保險業多採用了其他方式管理和增值退休金,也許在未來也能實行國際會計準則所用的約定給付辦法(Defined Benefit Pension Plan)來計算退休金,屆時將會產生大量的未實現收益。因此,從長遠來看,將福利金的收益放入其他綜合收益是具可操作性的。

---

① 約翰奈斯比特. 亞洲大趨勢 [M]. 北京:外文出版社,1996:253-254.

7.3.2.5 其他綜合收益的其他項目

在對初探時的樣本數據研究中（表 4-12 至表 4-20）發現，少數企業對「直接計入所有者權益的利得和損失項目」有其他業務的披露，集中在外幣報表折算、同一控制下企業合併損益和調整可分離交易的可轉換公司占全對應遞延所得稅負債等，但所占金額比重小，且不集中。根據國際會計準則對其他綜合收益的披露項目要求，還有基金對沖和評估增值，它們均屬於未實現的持產利得。中國現行會計準則體系下，法定資產評估增值在資產負債表的權益部分（資本公積—其他資本公積）反應，而不在利潤表中反應，但其也沒有單列出來，一般可理解為並入了「其他」項目一起披露。在對再探時的樣本數據（如表 6-7 所示）中發現，「其他」是唯一均值為正數的明細項目，且在五個項目中占比逐年下降（如表 5-1 所示）。這是個好的現象，說明企業對其他綜合收益的「其他」項目逐步規範，不再是如初期一般羅列大額數字但不知所出。

中國財政部對 2009 年上市公司年報的利潤表中已經要求加入「其他綜合收益」總額和「綜合收益」兩項信息單列披露，可見其對綜合收益信息進行管理規範的進程與決心，但這也是一個過渡。因此，如何更好地披露利潤表，調整其格式，搭建好企業與市場進行業績展示和溝通的平臺——綜合收益報告是十分必要的。

7.3.3 綜合收益報告的設計

綜合收益報告是利潤表形式未來改革的必經之路，就其形式來說可採用一表法或雙表法，但是改革也不能一蹴而就，需要分階段進行。國外的綜合收益報告研究經歷了近 10 年的改革與測試，現在還在不斷的完善過程中，中國的綜合收益報告的演進也需要時間的磨煉和市場的檢驗。本書認為，從 2006 年新

會計準則披露開始，中國的綜合收益報告發展是需要經過一段時間的檢驗與改進的，為最終形成一張標準的企業業績報告奠定基礎。

7.3.3.1　所有者權益變動表與利潤表共用的階段

所有者權益變動表是業績報告的雛形，經歷了兩年的年報及市場檢驗，筆者發現，和國外的研究情況類似，綜合收益信息在此報告中不能被市場關注，得不到相應的認知，決策相關性不大，因此不建議採用所有者權益變動表來披露綜合收益的信息。原因在於：其一，既然稱之為「綜合收益」，那麼理當在反應企業經營業績、歸集收入、成本等發生額信息的平臺裡進行披露。其二，在利潤表中進行披露和資產負債觀念並不衝突，反而是一種很好的融合，綜合收益信息的歸集能更好地反應企業日常經營投資業務帶來的資本的增長，如果籠統歸集於資本公積去計算將混淆所有者權益增長來源的分析。其三，按照國際趨勢，不論從準則制定還是會計計量方面，綜合收益信息的披露都是必然的，所有者權益變動表只是一個初期過渡的做法，且中國2009年的上市公司年報都按要求在利潤表中披露綜合收益信息。其四，從前面的實證研究結果來看，比較表4-19、表4-20和表4-26、表4-27，收益披露的位置能引起市場不同的關注度，決策相關程度有所不同。因此，利潤表向綜合收益表的設計與改革是必然的，只是中國正處於國際趨同的改革期，有些準則的應用和規定與國際準則還需要磨合。

同時，收益呈報必須考慮效益和成本問題。一般地說，披露與規範會發生一些直接或間接的成本。例如，信息的生產、鑒證、發布、和解釋等披露成本以及用於披露規範的開發、執行和生效等規範的成本等。出於成本效益考慮，收益呈報改革應避免對現行會計實務衝擊過大。在中國企業中，其他綜合收益項目並不多見，對於沒有其他綜合收益項目的企業而言，它

們在任何報告期內都不必報告綜合收益,即無需編製「第二業績報表」。

7.3.3.2 在利潤表中添加其他綜合收益信息

在會計準則國際化趨同的大背景下,中國的綜合收益報告在近階段需要進行測試,一方面要配合公允價值計量方式的研究與規範,另一方面對為實現收益內容的確定還需經過市場的檢驗。本書雖然對 2007 年至 2012 年的財務報告和市場反應做了相關性研究,但還未能深入探討一些具體的問題,且全球經濟大環境很不穩定,對實證分析也會帶來一定的影響。因此,本書建議,本階段可以保持原有的利潤表格式,在淨利潤下增加「其他綜合收益」總額和具體明細項目的列示,與「綜合收益」總額的列示①(如表 7-2 所示),具體信息在附註中披露,但主表的名稱應變為「綜合收益表」,而不是添加了其他綜合收益項目,卻還用著「利潤表」的抬頭。

表 7-2　　添加其他綜合收益的綜合收益報告

綜 合 收 益 表

編製單位:　　　　　　　年　　月　　　　　　單位:元

項目	期末數	期初數
省略,同 2006 年會計準則規定的利潤表披露形式		
五、淨利潤(淨虧損一「-」號填列)		
六、其他綜合收益		
可供出售金融資產公允價值變動淨額		
按照權益法核算的在被投資單位其他綜合收益中所享有的份額		
現金流量套期工具產生的利得(損失)金額		

---

① 本書研究的樣本數據中非集團的上市公司占總樣本不到 0.1%,因此,在此設計的綜合收益報告形式均為合併報表的形式。

表7-2(續)

項目	期末數	期初數
外幣財務報表折算差額		
其他*		
其他綜合收益所得稅影響		
其他綜合稅後淨收益		
七、綜合收益		
基本每股綜合收益		
稀釋每股綜合收益		
歸屬母公司綜合收益合計		
少數股東綜合收益合計		

註釋：其中，*按照國際會計準則，還有基金對沖，這方面是中國金融保險內上市公司的業務居多；養老金計劃金額，中國暫未施行，資產評估增值項目還未要求列示於此。但準則可規定占其他綜合收益總額10%金額以上的其他項目需要單獨列示。

　　本節認為，既然綜合收益表能向信息使用者提供決策有用的信息，投資人擅長運用單獨的綜合收益信息來評估公司和管理部門的業績，中國資本市場還不是有效市場，我們應該以淨利潤基礎上加上其他綜合收益的一表方式為基調來編製綜合收益表，其中，淨利潤仍是利潤表報告的淨利潤，其他綜合收益反應當期已確認未實現的利得和損失項目。按照中國目前會計準則和制度，現在應予以確認但未實現的利得和損失項目（即可作為其他綜合收益的項目）並不多，可暫時先按2009年的16號文規定先列示。但是隨著經濟環境的發展變化，如果對資產、負債需按公允價值進行計量，如果中國也推行養老金會計計量，那麼中國會計實務中就會出現更多的其他綜合收益項目，這樣的綜合收益表提供的信息對信息使用者將更為有用。本書的建議是逐步對重要的其他綜合收益內容進行測試，並將其列示在綜合收益表中，這樣，學者們就可以以此研究主表列示界面的

改變對使用者決策相關性的影響，還可以為檢驗反饋價值提供依據。

7.3.3.3 重構利潤項目後的綜合收益報告

第二個階段應該說是耗時最長，論證最多和普及面最廣的階段。但終歸，經過測試、計量模式的規範，綜合收益報告的改革必將走向成熟，也會有很多市場的經驗數據作為依據。本書認為，成熟階段的綜合收益報告是應該根據前文所研究，如圖7-2所示，對收益內容和結構進行重構後，與確定的其他綜合收益明細項目形成一表式進行列示（如表7-3所示）。屆時，綜合收益報告主要包括兩個方面的內容，新的「淨利潤」與「其他綜合收益」，並會有兩類考核指標，每股收益和每股綜合收益，豐富使用者多角度地分析評價企業業績。

當然，綜合收益報告的改革還與經濟業務多元化發展相對應，全球經濟業務發展至今，誕生了很多經營模式與計量方式，業績的披露也會多元化，但不管外界的變化如何，披露形式也需要有一定原則與規範。筆者認為，首先，應堅持披露綜合收益的信息，包含實現與未實現收益，這並不與經常性損益與非經常性損益相衝突，猶如前述分析，兩者只是對收益劃分的維度不同，兩者能更好地體現經濟收益，且形式更為穩定；其次，應堅持用一表式的方式對綜合收益信息進行披露，通過其他途徑披露都會產生信息交易成本，且影響信息的決策有用性；再次，應確定收益結構，包括核心利潤，營業利潤、淨利潤和其他綜合收益，這樣便於信息使用者接受並分析信息，也能很好的控制企業進行盈餘操控，同時也為業績體系的評價指標設計奠定良好的基礎。

表 7-3　　　　　　　成熟階段的綜合收益報告

綜 合 收 益 表

編製單位：　　　　　　　　　年　　月　　　　　　　單位：元

項目	期末數	期初數
一、營業收入		
減：營業成本		
營業毛利		
減：營業稅金及附加		
銷售費用		
管理費用		
二、核心利潤		
減：財務費用		
資產減值損失		
加：投資收益		
公允價值變動收益（損失以「-」號填列）		
三、營業利潤		
加：營業外收入		
減：營業外支出		
其中：非流動資產處置損失		
四、利潤總額		
減：所得稅費用		
五、淨利潤（淨虧損—「-」號填列）		
基本每股收益		
稀釋每股收益		
六、其他綜合收益		
可供出售金融資產公允價值變動淨額		
按照權益法核算的在被投資單位其他綜合收益中所享有的份額		

表7-3(續)

項目	期末數	期初數
法定資產評估增值		
現金流量套期工具產生的利得（損失）金額		
外幣財務報表折算差額		
福利計劃利得和損失		
其他*		
其他綜合收益所得稅影響		
其他綜合稅後淨收益		
七、綜合收益		
基本每股綜合收益		
稀釋每股綜合收益		
歸屬母公司綜合收益合計		
少數股東綜合收益合計		

註釋：其中，*占其他綜合收益總額10%金額以上的其他項目需要單獨列示。

中國會計準則制訂者是中華人民共和國財政部，其準則制定方式是參照國際會計準則，組織理論界專家分課題研究討論，並向實務界進行調研討論而成。鑒於前文對綜合收益信息列報的利弊分析，本書認為中國可成立一個「財務報告委員會」①，委員會成員可由中國財政部任命，分別來自於工商企業界、會計職業團體、政府部門和監管機構等，其主要職責是向政府提供有關會計準則制定程序和國際會計準則發展的諮詢與測試服務，為會計準則制定機構確定戰略發展方向，提供政策指導，

---

① 可參照澳大利亞在2000年1月形成的會計準則組織程序新格局，包含準則制定委員會（The Australian Accounting Standards Board, AASB）、財務報告委員會（The Financial Reporting Council, FRC）和緊急問題小組（The Urgent Issues Group, UIG）等。

甚至負責人事安排、經費預算和工作計劃等事務的審批等。同時，可規定其不介入會計準則制定的具體技術工作，也不對特定會計準則的內容施加影響，其經費可由財政部提供，也可接受上市公司等組織的贊助。

　　總而言之，綜合收益的推行是中國會計準則國際化的必然趨勢，綜合收益呈報模式的確定也需要長時間、持續地測試與確定。通過本書的研究，筆者堅信中國會計準則的不斷完善、企業對準則的執行力和各相關部門對準則實施的監督與協調管理三方面協力，定能更加豐富公司業績的信息列報與披露，促進經濟發展，為財務報告使用者提供更加相關的決策分析信息。

參考文獻

1. Chambers D J, Linsmeier, T J, Shakespeare C, Sougiannis T. An evaluation of SFAS No. 130 comprehensive income disclosures [J]. Review of Accounting Studies, 2007, 12: 557-593.

2. Philippe Van Cauwenberge, Ignace de Beddle. On the IASB comprehensive income project: An analysis of the case of dual income display [J]. ABACUS, 2007, Vol. 43, No, 1, 1-24.

3. Wayne R. Landsman. Is fair value accounting information relevant and reliable? Evidence from capital market research [J]. Accounting and Business research Special Issue: International Accounting Policy Forum. 2007, 19-30.

4. Scott, W. R.. Financial Accounting Theory [M]. Prentice-Hall, Canada, 2006.

5. Aboody, D., Barth, M. E., Kasznik, R.. Do firm sunder state stock-based compensation expense disclosed under SFAS 123 [J]. Review of Accounting Studies 2006, 11, 429-461.

6. FASB. Statement of Financial Accounting Standards No. 157, Fair Value Measurements [M]. Financial Accounting Standards Board: Norwalk, Connecticut, 2006.

7. FASB. Proposed Statement of Financial Accounting Stand-

ards, The Fair Value Option forFinancial Assets and Financial Liabilities [M]. Financial Accounting Standards Board: Norwalk, Connecticut, 2006.

8. IASB. Discussion Paper, Fair Value Measurements Part 1: Invitation to Comment [M]. International Accounting Standards Board: London, 2006.

9. Landsman, W. R., K. Peasnell, Pope, P. Yeh S. Which approach to accounting for employee stock options best reflects market pricing [J]. Review of Accounting Studies, 2006, 11, 203-245.

10. Biddle, G. C., Choi, J.. Is comprehensive income useful [J]. Journal of Contemporary Accounting and Economics, 2006, 2, 1-30.

11. Gong meng Chen, Louis T. W.. Cheng, Ning Gao. Information content and timing of earnings announcements [J]. Journal of Business Finance and accounting, 2005, 32(1)&(2) January/March, 65-96.

12. Hirst, D., Hopkins, P. E., Wahlen, J. M.. Fair values, income measurement, and bank analysts' risk and valuation judgments [J]. The Accounting Review, 2004, 79, 453-472.

13. Aboody, D., Barth, M. E., Kasznik, R.. SFAS No. 123 Stock-based employee compensation and equity market values [J]. The Accounting Review, 2004, 79, 251-275.

14. FASB. Statement of Financial Accounting Standards No. 123 (revised), Share-Based Payment [M]. Financial Accounting Standards Board: Norwalk, 2004.

15. Richard Barker. Reporting Financial Performance [J]. Accounting Horizons, 2004, 18, 136-145.

16. Ganesh M. Pandit, Jeffrey J. Phillips. Comprehensive In-

come: Reporting Preferences of Public Companies [J]. The CPA Journal, 2004, 9, 40-41.

17. Graham, R. S., Lefanowicz, C. R., Petroni, K. R.. The value relevance of equity method fair value disclosures [J]. Journal of Business Finance and Accounting, 2003, 30, 1065-1088.

18. Bell, T. B., Landsman, W. R. Miller, B. L. Yeh, S. The valuation implications of employee stock option accounting for profitable computer software firms [J]. The Accounting Review 77, 2002, 971-996.

19. Cotter, J. Richardson, S. Reliability of Asset Revaluations: The Impact of Appraiser Independence [J]. Review of Accounting Studies, 2002, 7, 435-457.

20. Barth, M. E., Beaver, W. H., Landsman, W. R.. The relevance of the value relevance literature for accounting standard-setting: another view [J]. Journal of Accounting and Economics, 2001, 31, 77-104.

21. Haw, I, Qi, D., Wu, W. Timeliness of annual report releases and market reaction to earnings announcements in an emerging capital market: the case of China [J]. Journal of international financial management and accounting, 2000, 11: 108-131.

22. Cahan, S., Courtenay, S., Gronewoller, P., Upton, D.. Value relevance of mandated comprehensive income disclosures [J]. Journal of Business, Finance, and Accounting, 2000, 27, 1273-1301.

23. Maines, L., McDaniel, L.. Effects of comprehensive-income characteristics on nonprofessional investors' judgments: the role of financial statement presentation format [J]. The Accounting Review, 2000, 75, 177-204.

24. O'Hanlon, J., Pope, P.. The value-relevance of UK dirty surplus accounting flows [J]. British Accounting Review, 1999, 31, 459-482.

25. Aboody, D., Barth, M. E., Kasznik, R.. Revaluations of fixed assets and future firm performance [J]. Journal of Accounting and Economics 26, 1999, 149-178.

26. Sloan, R. G.. Evaluating the reliability of current value estimates [J]. Journal of Accounting and Economics 26, 1999, 193-200.

27. Dechow, P. M., Hutton, A. P., Sloan, R. G.. An empirical assessment of the residual income valuation model [J]. Journal of Accounting and Economics 26, 1999, 1-34.

28. Dhaliwal, D., Subramanyam, K., Trezevant, R.. Is comprehensive income superior to net income as a measure of firm performance [J]. Journal of Accounting and Economics 26, 1999, 43-67.

29. Harris, M. S., Muller III, K. A.. The market valuation of IAS versus US-GAAP accounting measures using Form 20-Freconciliations [J]. Journal of Accounting and Economics 26, 1999, 285-312.

30. Hirst, D., Hopkins, P.. Comprehensive income reporting and analysts' valuation judgments [J]. Journal of Accounting Research 36, 1998, 47-74.

31. Barth, M. E., Clinch, G.. Revalued financial, tangible, and intangible assets: associations with share prices and non market-based value estimates [J]. Journal of Accounting Research, 1998, 36, 199-233.

32. Barth, M. E., Landsman, W. R., Rendleman, R. J. Jr..

Option pricing-based bond value estimates and a fundamental components approach to account for corporate debt [J]. The Accounting Review, 1998, 73, 73-102.

33. Black, E. L., Sellers, K. F. Manly, T. S.. Earnings management using asset sales: an international study of countries allowing non-current asset revaluation [J]. Journal of Business Finance and Accounting, 1998, 25, 1, 287-1, 317.

34. American Accounting Association Financial Accounting Standards Committee. An issues paper on comprehensive income [J]. Accounting Horizons, 1997, 11, 120-126.

35. Bartov, E.. Foreign currency exposure of multinational firms: Accounting measures and market valuation [J]. Contemporary Accounting Research, 1997, 14, 623-652.

36. Burgstahler, D. C., Dichev, I. D.. Earnings, adaptation and equity value [J]. The Accounting Review, 1997, 72, 187-215.

37. Fama, E. F., French, K. R.. Forecasting profitability and earnings [M]. Unpublished paper, University of Chicago, Chicago, 1997.

38. Financial Accounting Standards Board. Statement of financial accounting standards no. 130: Reporting comprehensive income [M]. Financial Accounting Standards Board, Norwalk, 1997.

39. O'Hanlon, J. F., Pope, P. F.. The value-relevance of dirty surplus accounting flows [M]. Unpublished paper, Lancaster University, 1997.

40. Rees, L., Elgers, P.. The market's valuation of non-reported accounting measures: retrospective reconciliations of non-US and US - GAAP [J]. Journal of Accounting Research, 1997, 35, 115-127.

41. Barth, M. E., Beaver, W. H., Landsman, W. R.. Value-relevance of banks' fair value disclosures under SFAS 107 [J]. The Accounting Review, 1996, 71, 513-537.

42. Venkatachalam, M.. Value relevance of banks' derivative disclosures [J]. Journal of Accounting and Economics, 1996, 22, 327-355.

43. Barth, M. E., Clinch, G.. International differences in accounting standards: evidence from UK, Australian, and Canadian firms [J]. Contemporary Accounting Research Spring, 1996, 135-170.

44. Barth, M. E., Beaver, W. H., Landsman, W. R.. Value-relevance of banks' fair value disclosures under SFAS 107 [J]. The Accounting Review 1996, 71, 513-537.

45. Beresford, D. R., Johnson, L. T., Reither, C. L.. Is a second income statement needed [J]. Journal of Accountancy, 1996, 4, 69-72.

46. Berger, P. G., Ofek, E., Swary, I.. Investor valuation of the abandonment option [J]. Journal of Financial Economics, 1996, 42, 257-287.

47. Brief, R. P., Peasnell, K. V. (Eds.). Clean surplus: A link between accounting and finance [M]. New York: Garland Publishing, 1996.

48. Eccher, E. A., Ramesh, K., Thiagarajan, S. R.. Fair value disclosures by bank holding companies [J]. Journal of Accounting and Economics, 1996, 22, 79-117.

49. Foster, N., Hall, N. L.. Reporting comprehensive income [J]. The CPA Journal, 1996, 10, 16-19.

50. International Accounting Standards Committee. Exposure

draft: Presentation of financial statements [M]. London: International Accounting Standards Committee, 1996.

51. Johnson, L. T., Swieringa, R. J.. Derivatives, hedging, and comprehensive income [J]. Accounting Horizons, 1996, 10, 109-122.

52. Nelson, K.. Fair value accounting for commercial banks: An empirical analysis of SFAS no. 107 [J]. The Accounting Review, 1996, 71, 161-182.

53. Subramanyam, K. R.. The pricing of discretionary accruals [J]. Journal of Accounting and Economics, 1996, 22, 249-281.

54. Kothari, S. P., Zimmerman, J. L.. Price and return models [J]. Journal of Accounting and Economics, 1995, 20, 155-192.

55. Ohlson, J. A.. Earnings, book values, and dividends in security valuation [J]. Contemporary Accounting Research, 1995, 11, 161-182.

56. Ahmed, A. S., Takeda, C.. Stock market valuation of gains and losses on commercial banks' investment securities: An empirical analysis [J]. Journal of Accounting and Economics, 1995, 20, 207-225.

57. Barth, M. E., Landsman, W. R., Wahlen, J. M.. Fair value accounting: Effect on banks' earnings volatility, regulatory capital, and value of contractual cash flows [J]. Journal of Banking and Finance, 1995, 19, 577-605.

58. Biddle, G. C., Seow, G. S., Siegel, A. F.. Relative versus incremental information content [J]. Contemporary Accounting Research, 1995, 12, 1-23.

59. Johnson, L. T., Reither, C. L., Swieringa, R. J.. Toward reporting comprehensive income [J]. Accounting Horizons, 1995,

9, 128-137.

60. Kothari, S. P., Zimmerman, J. L.. Price and return models [J]. Journal of Accounting and Economics, 1995, 20, 155-192.

61. Feltham, J., Ohlson, J. A.. Valuation and clean surplus accounting for operating and financial activities [J]. Contemporary Accounting Research, 1995, 11, 689-731.

62. Bernard, V. L., Merton, R. C. Palepu, K. G.. Mark-to-market accounting for banks and thrifts: lessons from the Danish experience [J]. Journal of Accounting Research, 1995, 33, 1-32.

63. Barth, M. E.. Fair value accounting: Evidence from investment securities and the market valuation of banks [J]. The Accounting Review, 1994, 69, 1-25.

64. Bandyopadhyay, S. P., Hanna, J. D., Richardson, G.. Capital market effects of US-Canada GAAP differences [J]. Journal of Accounting Research, 1994, 32, 262-277.

65. Dechow, P. M.. Accounting earnings and cash flows as measures of firm performance: The role of accounting accruals [J]. Journal of Accounting and Economics, 1994, 18, 3-42.

66. Black, F.. Choosing accounting rules [J]. Accounting Horizons, 1993, 7, 1-17.

67. Kothari, S. P.. Price earnings regressions in the presence of prices leading earnings: Implications for earnings response coefficients [J]. Journal of Accounting and Economics, 1992, 15, 173-202.

68. Ohlson, J. A., Shrohp.. Changes versus levels in earnings as explanatory variables for returns: Some theoretical considerations [J]. Journal of Accounting Research, 1992, 30, 210-226.

69. Ali, A., Zarowin, P.. The role of earnings levels in annual earnings—returns studies [J]. Journal of Accounting Research,

1992, 30, 286-296.

70. Easton, P. D., Harris, T. S.. Earnings as explanatory variables for returns [J]. Journal of Accounting Research, 1991, 29, 19-36.

71. Barth, M. E.. Relative measurement errors among alternative pension asset and liability measures [J]. The Accounting Review, 1991, 66, 433-463.

72. Ali, A., Zarowin, P.. Permanent versus transitory components of annual earnings and estimation error in earnings response coefficients [J]. Journal of Accounting and Economics, 1991, 15, 249-264.

73. Collins, D. W., Kothari, S. P.. An analysis of inter temporal and cross-sectional determinants of earnings response coefficients [J]. Journal of Accounting and Economics, 1989, 11, 143-181.

74. Vuong, Q. H.. Likelihood ratio tests for model selection and non-nested hypotheses [J]. Econometrica, 1989, 307-333.

75. Christie, A. A.. On cross-sectional analysis in accounting research [J]. Journal of Accounting and Economics, 1987, 9, 231-258.

76. Dhaliwal, D. S.. Measurement of financial leverage in the presence of unfunded pension obligations [J]. The Accounting Review, 1986, 61, 651-661.

77. Chambers A., S. Penman. Timeliness of reporting and the stock p rice reaction to earnings announcements [J]. Journal of Accounting Research, 1984, Vol. 22 (1): 21-47.

78. Kross W., D. Schroeder.. An empirical investigation of the effect of quarterly earnings announcement timing on stock returns [J]. Journal of Accounting Research, 1984, 22: 153-176.

79. Givoly, D.. Timeliness of annual earnings announcements: some empirical evidence [J]. The Accounting Review, 1982, 57 (7): 486-508.

80. Bowman, R. G.. The debt equivalence of leases: An empirical investigation [J]. The Accounting Review, 1980, 55, 237-253.

81. Accounting Principles Board. APB Opinion no. 9: Reporting the results of operations [M]. New York: American Institute of Certified Public Accountants, 1966.

82. 李曉強. 中國會計制度改革和會計信息差異 [M]. 大連: 大連出版社, 2008.

83. 陳前斌, 蔣青, 於秀蘭. 信息論基礎 [M]. 北京: 高等教育出版社, 2007.

84. 李孝林, 孔慶林, 乾惠敏, 劉一娟, 羅捃. 費用性質法利潤表比較觀 [M]. 上海: 立信會計出版社, 2006.

85. 崔華清. 中國企業業績報告的改進問題研究 [M]. 北京: 中國財政經濟出版社, 2006.

86. 財政部會計司編寫組. 企業會計準則講解2006 [M]. 北京: 人民出版社, 2006.

87. 李勇. 資產負債觀與收入費用觀比較研究——兼論中國會計準則制定理念選擇 [M]. 北京: 中國財政經濟出版社, 2006.

88. 袁淳. 會計盈餘價值相關性實證研究 [M]. 北京: 中國財政經濟出版社, 2005.

89. 財政部會計準則委員會: 會計要素與財務報告 [M]. 大連: 大連出版社, 2005.

90. 汪祥耀, 等. 澳大利亞會計準則及其國際趨同戰略研究 [M]. 上海: 立信會計出版社, 2005.

91. 王化成, 等. 企業業績評價 [M]. 北京: 中國人民大學

出版社，2005．

92．斯蒂芬·A. 澤夫. 會計準則制定：理論與實踐［M］. 北京：中國財政經濟出版社，2005．

93．保羅·RW．米勒，保羅·R．班森. 高質量財務報告［M］. 閻達五，李勇，等，譯. 北京：機械工業出版社，2004．

94．朱蘭，等. 朱蘭質量手冊［M］. 北京：中國人民大學出版社，2003．

95．國際會計準則委員會. 國際會計準則2002［M］. 北京：中國財政經濟出版社，2003．

96．石峰，莫忠息. 信息論基礎［M］. 武漢：武漢大學出版社，2002．

97．汪祥耀，等. 英國會計準則研究與比較［M］. 上海：立信會計出版社，2002．

98．王又莊. 關於資本（股票）市場會計信息披露研究［M］. 北京：中國財政經濟出版社，2002．

99．陳小悅，等. 關於衍生金融工具的會計問題研究［M］. 大連：東北財經大學出版社，2002．

100．林勇峰. 現金流動制會計［M］. 北京：中國財政經濟出版社，2002．

101．美國財務會計準則委員會. 美國財務會計準則［M］. 王世定，李海軍，等，譯. 北京：經濟科學出版社，2002．

102．葛家澍，林志軍. 現代西方會計理論［M］. 廈門：廈門大學出版社，2001．

103．王輝. 綜合收益會計［M］. 上海：立信會計出版社，2001．

104．謝詩芬. 會計計量的現值研究［M］. 成都：西南財經大學出版社，2001．

105．陳國輝. 會計理論研究［M］. 大連：東北財經大學出

版社，2001.

106. 程春暉. 全面收益會計研究 [M]. 大連：東北財經大學出版社，2000.

107. 劉峰. 會計準則變遷 [M]. 北京：中國財政經濟出版社，2000.

108. 吳水澎. 中國會計理論研究 [M]. 北京：中國財政經濟出版社，2000.

109. 趙西卜. 中國會計準則研究 [M]. 北京：中國人民大學出版社，1999.

110. 楊時展. 1949—1992 中國會計制度的演進 [M]. 北京：中國財政經濟出版社，1998.

111. 李玉環. 日本會計法規 [M]. 北京：中國財政經濟出版社，1992.

112. 陳旭東，逯東. 金融危機與公允價值會計：起源、爭論與思考 [J]. 會計研究，2009（10）.

113. 趙自強，劉珊汕. 全面收益信息在中國的有用性研究——基於新會計準則的實證分析 [J]. 財會通訊，2009（9）.

114. 武迎春. 新企業會計準則體系理念：基於全面收益觀 [J]. 中國管理信息化，2009（7）.

115. 楊書懷. 中國會計準則國際趨同：變遷與啟示 [J]. 財政研究，2009（8）.

116. 翟曉瑜. FASB 與 IASB《財務報表列報初步意見》的評價 [J]. 財會通訊，2009（3）.

117. 湯小娟，王蕾. 全面收益與淨利潤的信息含量差異研究 [J]. 財會通訊，2009（7）.

118. 葛家澍. 試評 IASB/FASB 聯合概念框架的某些改進——截至 2008 年 10 月 16 日的進展 [J]. 會計研究，2009（4）.

119. 王玉濤，薛健，陳曉. 市場能區分新會計準則下的不

同信息嗎？[J]. 金融研究, 2009 (1).

120. 郭緒琴. 其他綜合收益內涵與實務應用 [J]. 財會通訊, 2009 (11).

121. 楊書懷. 中國會計準則國際趨同 [J]. 財政研究, 2009 (8).

122. 李安迪. 從所有者權益變動表看全面收益的理念 [J]. 會計之友, 2008 (3).

123. 楊曉玉. 透視所有者權益變動表 [J]. 商場現代化, 2008 (3).

124. 吳明建. IASB 損益表變遷及其啟示 [J]. 財會通訊, 2008 (7).

125. 錢愛民, 張新民. 新準則下利潤結構質量分析體系的重構 [J]. 會計研究, 2008 (6).

126. 楊曉玉. 透視所有者權益變動表 [J]. 商業現代化, 2008 (3).

127. 張海燕, 陳曉. 投資者是理性的嗎？——基於 ST 公司交易特性和價值的分析 [J]. 會計研究, 2008 (1).

128. 羅婷, 薛健, 張海燕. 解析新會計準則對會計信息價值相關性的影響 [J]. 中國會計評論, 2008 (2).

129. 彭韶兵, 黃益建. 會計可靠性原則的盈餘相關性及市場定價——來自滬、深股市的經驗證據 [J]. 中國會計評論, 2008 (2).

130. 薛爽, 蔣義宏. 會計信息披露時機與內幕交易——基於年報首季披露時差與異常超額交易量的實證研究 [J]. 中國會計評論, 2008 (2).

131. 程小可, 龔秀麗. 新會計準則下盈餘結構的價值相關性——來自滬市 A 股的經驗證據 [J]. 財會通訊, 2008 (4).

132. 吳明建. IASB 損益表的變遷 [J]. 商業會計, 2008

(4).

133. 高錦萍. XBRL 財務報告分類標準創建模式研究 [J]. 財會通訊, 2008 (6).

134. 周萍. FASB 和 IASB 財務業績報告項目研究回顧與評價 [J]. 會計研究, 2007 (9).

135. 葛家澍, 張金若. FASB 與 IASB 聯合趨同框架（初步意見）的評介 [J]. 會計研究, 2007 (2).

136. 吳兆旋. 所有者權益變動表淺探 [J]. 財會月刊（綜合）, 2007 (7).

137. 常明健. 中國期貨市場弱勢效率的實證研究——基於隨機遊走模型細分視角的研究 [J]. 工業技術經濟, 2007 (12).

138. 李蘇. 從上市公司股東權益變動看新舊會計準則平穩過渡 [J]. 財會通訊, 2007 (9).

139. 張興亮. 會計收益視角論的財務報表演進 [J]. 財會通訊, 2007 (4).

140. 王躍堂, 趙娜, 魏曉雁. 美國財務業績報告模式及其借鑒 [J]. 會計研究, 2006 (5).

141. 吳金龍. 美國公司呈報全面收益方式研究及啟示 [J]. 財會通訊, 2006 (3).

142. 姚旻霏. 新會計準則中利得與損失的改進與不足 [J]. 財會研究, 2006 (11).

143. 李江萍. 會計準則國際趨同的進程及對中國的啟示 [J]. 上海立信會計學院學報, 2006 (5).

144. 朱曉婷, 楊世忠. 會計信息披露及時性的信息含量分析——基於 2002—2004 年中國上市公司年報數據的實證研究 [J]. 會計研究, 2006 (11).

145. 史永東, 趙永剛. 中國股票市場的分形結構——股票收益長期記憶特徵的實證研究 [J]. 數學的實踐與認識, 2006

(9).

146. 巫升柱,王建玲,喬旭東.中國上市公司年度報告披露及時性實證研究[J].會計研究,2006(2).

147. 周紅.向國際財務報告準則過渡對歐洲企業財務報告的影響[J].會計研究,2005(10).

148. 林鐘高,韓立軍.基於博弈分析的財務會計概念框架研究[J].山西財經大學學報,2005(6).

149. 袁建國,李鎮西.經濟收益、會計收益與全面收益[J].經濟論壇,2005(6).

150. 任月君.全面收益理論與損益確認原則——實現原則、權責發生制原則利弊談[J].財經問題研究,2005(2).

151. 方紅星.制度競爭、路徑依賴與財務報告架構的演化[J].會計研究,2004(1).

152. 夏冬林.財務會計信息的可靠性及其特徵[J].會計研究,2004(1).

153. 林鐘高,吳利娟.公司治理與會計信息質量的相關性研究[J].會計研究,2004(8).

154. 陳漢文,等.盈餘報告的及時性:來自中國股票市場的經驗證據[J].當代財經,2004(4).

155. 曹偉.論中國所有者權益的構成[J].審計研究,2004(3).

156. 程小可,等.年度盈餘披露的及時性與市場反應——來自滬市的證據[J].審計研究,2004(4).

157. 黨紅.關於全面收益的討論[J].審計研究,2003(3).

158. 朱開悉.企業價值與財富變動報告研究[J].會計研究,2003(5).

159. 謝德仁.財務報表的邏輯:瓦解與重構[J].會計研

究, 2001 (10).

160. 葛家澍. 論財務業績報告的改進 [J]. 會計之友, 2000 (8).

161. 葛家澍. 損益表（收益表）的擴展——關於第四財務報表 [J]. 上海會計, 1999 (1).

後　記

　　本書是在我的博士畢業論文的基礎上補充和修改完成的。行文至此，感慨良多，回顧博士學習的歲月，恍如昨天。然而，這些一個又一個看似平凡又忙碌的日子，卻記錄了我一生最難忘、最充實的歲月。現在，本書即將完成，它匯集了我學生時代的所學所思，更凝結了太多關心我幫助我的人的期望與心血。

　　本書能夠如期順利地完成，首先要感謝我的導師傅代國教授，很慶幸能夠師從傅教授攻讀博士學位，是他將我引入更深層次的學術研究殿堂，使我對研究工作產生了濃厚的興趣。傅教授淵博的學識、敏銳的洞察力、嚴謹的治學態度以及謙遜的風範深深影響著我，使我受益匪淺，更使我對會計學的理解提高到了一個新的層次。特別是在博士論文寫作階段，從論文的選題到結構安排以及最後的修改定稿，傅教授傾註了極大的心血，對我悉心指導、耐心點撥，在此由衷地獻上我無限的敬意與感激。

　　同時，感謝林萬祥教授、蔡春教授、彭韶兵教授、毛洪濤教授、餘海宗教授、呂先錇教授在我在西南財經大學求學期間給予的親切關心和無微不至的幫助，他們在本書成文過程中給予了許多中肯的意見與建議，並不斷鼓勵我克服難題，完成論文。還要特別感謝吉利教授、羅宏教授和唐雪松教授，她們在

本書的選題、設計、數據收集、整理和寫作等過程中提供了很多的幫助，提出許多新的觀點，啓發著我的思想。特別感謝北京大學的張建瑋教授教給了我關於長期記憶探討的理念和方法，讓我能用入會計學的相關研究中。感謝他們對本書提出了建設性的修改意見，對本書的完善起到了重要的作用。

深深地感謝我最敬愛的父母，是你們給予了我生命，是你們養育和培養了我，給予了我前進的莫大勇氣。我的家人給予我的無私關愛幫助我克服生活上和學習上的種種困難，正因為有了你們的呵護和鼓勵，我才能夠順利完成學業和本書的撰寫，你們關愛的目光永遠是我前行的動力。

科學研究是無止境的，這本書僅僅是一個初步的嘗試，書山有路勤為徑。

鄒　燕

2015 年 6 月於光華園

國家圖書館出版品預行編目(CIP)資料

綜合收益會計研究 / 鄒燕 著. -- 第一版.
-- 臺北市：崧博出版：財經錢線文化發行，2018.10
　　面；　公分
ISBN 978-957-735-625-3(平裝)
1.會計報表
495.47　　　　107017403

書　名：綜合收益會計研究
作　者：鄒燕 著
發行人：黃振庭
出版者：崧博出版事業有限公司
發行者：財經錢線文化事業有限公司
E-mail：sonbookservice@gmail.com
粉絲頁　　　　　　網　址：
地　址：台北市中正區延平南路六十一號五樓一室
8F.-815, No.61, Sec. 1, Chongqing S. Rd., Zhongzheng Dist., Taipei City 100, Taiwan (R.O.C.)
電　話：(02)2370-3310　傳　真：(02) 2370-3210
總經銷：紅螞蟻圖書有限公司
地　址：台北市內湖區舊宗路二段 121 巷 19 號
電　話：02-2795-3656　　傳真：02-2795-4100　網址：
印　刷：京峯彩色印刷有限公司（京峰數位）

　　本書版權為西南財經大學出版社所有授權崧博出版事業有限公司獨家發行電子書及繁體書繁體版。若有其他相關權利及授權需求請與本公司聯繫。
定價：400元
發行日期：2018 年 10 月第一版
◎ 本書以POD印製發行